흙건축 기술에서 실제까지 **흙집 제대로 짓기**

흙집
제대로 짓기

흙건축 시리즈 II

흙 건 축   기 술 에 서   실 제 까 지

황혜주 외 지음

씨
아이
알

흙집은 살림집입니다. 살려내는 집입니다. 지구를 살려내고 그 속에 사는 사람을 살려내고 사람 간의 관계를 살려내는 건축을 하는 것이지요. '생명에 대한 존중'을 중히 여기는 그런 건축입니다. 동양철학자 양자는 생명은 소통이라고 하였고, 신학자 안병무는 '태초에 말씀이 있었다.'에서 말씀은 말의 쓰임 곧 의사소통이어서 생명은 관계맺음이라고 하였습니다. 이런 조화와 소통이 깨지면 생명은 위험하다는 말이기도 하지요. 대표적인 것이 암세포이고, 암세포는 나만 살겠다고 주변을 고려하지 않고 경쟁하고 욕심내서, 다른 사람이 죽고 나도 죽고 결국 다 죽는 어리석음을 상징하는 말이 되었습니다.

그래서 흙건축을 하는 사람들은 '생명에 대한 존중'을 '내가 살려면 같이 살아야 한다.'는 것으로 이해하고 있습니다. 나와 다른 사람과의 관계에 대한 성찰을 깊이 하는 그런 건축이 진정한 건축이고, 그것을 흙으로 풀어내는 것이 흙건축이라고 생각하고 있습니다. 나와 자연, 나와 사회, 나와 이웃에 대한 관계를 깊이 성찰하고, 우리 눈앞에 흙집으로 풀어내는 것이지요. 또한 건축은 사회적 예술입니다. 나쁜 사회에서 좋은 건축이 나올 수는 없습니다. 다른 사람의 마음을 내 마음처럼 헤아리고(如心 = 恕), 삶이 가장 중요한 가치이기에 '우리의 삶은 저들의 이익보다 중요하다.'는 생각으로, 우리가 이웃과 '같이' 살아가면서 이 사회를 좀 더 건강하고 아름답게 만들어 가는 노력을 계속하여야 할 것 같습니다.

흙의 어원인 humus는 인간(human) 그리고 겸손(humility)이라는 말과 어원이 같습니다. 겸손이란 다른 사람을 헤아려 가르침을 얻고 배우는 것이라고 합니다. 겸손한 자세로 아름다운 흙집을 만들어 갔으면 좋겠습니다. 흙집을 짓는 원칙을 말해보라는 질문을 받을 때 '지나치지 않게', '공유하는 방식으로'라는 말을 합니다. 화려하고 거창하게 하기보다는 소박하고 알차게 지으라는 말을 합니다. 그러면서도 '따로 또 같이' 사는

방식을 바탕에 두고 지으라고 합니다. 모두 다 자연과 이웃과 더불어 사는 방식을 고민하면서 하자는 것이지요.

여러 사람이 집을 짓는 경우를 생각해 보지요. 예를 들어 9가구가 모여서 집들을 짓는다고 생각해 봅시다. 각각 100㎡씩을 짓는다고 하면 총 900㎡가 되겠네요. 그런데 집을 지을 때, 우리는 우리가 직접 사용하는 공간 이외에 손님이 온다든가 아니면 어쩌다 한번 있는 넓은 면적이 필요한 상황을 고려하여 크게 짓게 됩니다. 일 년에 몇 번 있는 경우를 대비해서 짓는 것은 낭비같지만 안 만들 수도 없고, 하여간 난감합니다. 이럴 때 공간을 일상적으로 꼭 필요한 공간과 추가적인 공간으로 나누어 생각해 보면 일은 간단히 풀릴 수도 있습니다. 꼭 필요한 일상공간이 60㎡이라면, 각각 60㎡를 짓고, 나머지는 9가구가 공유하는 공간 90㎡을 별도로 공동으로 지으면 되는 거지요. 이 공간은 공동 손님방이라든가 공동 식당 등 가끔씩 있는 여럿이서 필요한 공간으로 쓰게 되겠지요.

이럴 경우에, 각각의 가구는 70(60+10)㎡에 해당하는 비용이 들게 되고, '따로 또 같이' 사용하는 공간은 150㎡가 되는 것이지요. 짓는 비용과 유지 비용이 모두 줄고, 또한 지구환경에도 유리한 단지가 만들어지는 효과가 있습니다(이런 것을 co-housing 이라고 합니다.). 자기만의 공간을 가지고 자기생활을 하면서도, 공유하는 공간을 가져서 더불어 같이 사는 것의 장점을 살리는 방법입니다.

각자 자기 집을 짓는 경우도 생각해 보도록 하지요. 한옥은 북방식 주거(겨울집)와 남방식 주거(여름집)가 합쳐진 세계적인 주거 양식입니다. 겨울에는 겨울집인 구들방을 중심으로 생활하고, 봄, 여름, 가을에는 여름집인 대청을 중심으로 하되 집 전체를 사용하는 방식입니다. 이런 방식을 도입하면, 단열이 잘되고 난방이 되는 고가의 패시브 주택 부분(겨울집)과 개방형이고 단순하게 지어서 저가인 마루 부분(여름집)으로 나누어 생각하면, 짓는 비용과 유지 비용이 모두 저감되는 주택을 지을 수 있습니다. (이런 것을 season-housing이라고 합니다.) 요즈음 주거의 대세인 아파트는 여러 장점에도 불구하고 그 태생적 한계 때문에, 겨울에는 전체 면적을 데워야 하고 여름에는 전체 면적을 식혀야 하기 때문에 많은 비용이 들 수밖에 없습니다. 이 땅에서 이 땅의 기후에 맞추어 발전시켜온 조상들의 주거 지혜를 오늘에 이어받는 방식들을 여러 각도로 다양하게 고민해야 할 것 같습니다.

이러한 생각을 바탕으로 하여 흙건축 기술 하나하나를 진지하게 탐구하고 체계적으로 정리한 저자들의 노력과, 작은 현상 하나도 그냥 지나치지 않고 궁리하고 연구하면서 그 본질적인 실체를 구현하려 애쓴 저자들의 치열함에 힘입어 이 책이 세상에 모습을 드러내게 되었습니다. 20년 가까운 시간을 흙건축의 의미에 대하여 고민하고, 올바른 흙건축 보급에 힘쓰고 국제적인 교류를 통한 다양성을 확보하고자 노력했던 여러 사람들의 땀의 결과입니다. 이 책을 통하여 흙집을 짓는다는 것이 흙으로 대충 짓는다는 것이 아니라, 흙의 의미와 흙건축의 가치를 드러내는 작업이라는 인식을 높일 수 있을 것입니다. 또한 이 책은 흙집을 짓고자 하는 사람들에게 흙건축에 대한 깊이있는 내용과 더불어 흙집을 짓는 데 필요한 기술들을 쉽고 재미있게 제공하여 줄 것입니다.

세계적 수준이라는 한국 흙건축의 수준이 이만큼 와 있음을 보여주는 이 책의 서문을 쓰게 되어 개인적으로 참으로 감격스럽다는 말씀과 앞으로 더욱 정진하겠다는 저자들의 다짐으로 인사를 대신합니다.

2014년 6월
저자를 대표하여
황혜주

차 례

흙건축의 역사와 현대화

우리 곁에 낯설지 않게 자리잡고 있는 흙집

흙건축이야기

흙건축의 역사는 지금부터 약 1만여 년 전 유목생활을 하던 인류가 정착생활을 위하여 주변에서 가장 흔한 재료인 흙을 이용하여 집을 짓기 시작한 때부터이다. 그 사례는 요르단의 예리코 유적지나 시리아의 자 텔 무가라 유적지를 보면 알 수 있다. 이 도시들은 진흙벽돌과 흙다짐벽을 사용하여 지름 2킬로미터 이상의, 당시로서는 거대한 규모의 도시를 형성하고 살았다. 한편 4대 문명 발상지 중의 하나인 메소포타미아 도시에는 길이 100미터, 높이 50미터의 지구라트 신전이 지어졌고 현존하는 사막지역의 대표적인 흙건축 도시인 예멘의 시밤이 있다.

초기 아프리카 대륙의 건축을 보면 다루기 쉬운 흙의 재료적 특성을 반영하여 자유롭고 토속적인 형태를 띠고 있다. 마감을 위한 문양들은 원시 종교적인 상징과 더불어 흙벽을 보호하기 위한 목적으로 석회나 식물에서 추출한 재료를 사용하여 장식하였다. 그 외에도 계곡 아래나 주거를 감싸고 있는 많은 곡창을 볼 수 있는데 대부분 흙으로 만들었다. 가장 큰 규모는 높이 6미터에 달하는데 상부 두께가 5센티미터에 지나지 않을 만큼 구조적으로 안정되게 만들어 생활하였다.

흙집하면 대부분 가난한 지역에만 남아 있는 건축으로 생각하기 쉬우나 유럽에서는 귀족을 위한 고성에도 많이 나타난다. 스페인의 유명한 관광지인 알함브라 궁전에는 높이 45미터의 흙벽이 있고 이러한 스페인의 흙건축 기술이 아메리카 대륙까지 전수되어 미국 뉴멕시코주의 산타페시에 남아 있는 많은 건축이 흙으로 만들어졌다. 프랑스에는 지역별로 다양한 흙건축 공법으로 만들어진 주택이나 고성이 있는데 이러한 전통적인 건축 기술을 기초로 하여

1970년대 초 석유 파동 이후 시멘트를 대체할 수 있는 재료로 흙이 새롭게 조명을 받게 되었으며 현대적인 기술을 접목하여 1980년대 중반에 일다보 지역에 시범마을을 조성하였다. 이곳은 흙건축으로 조성된 세계의 유일한 친환경마을로 알려져 지난 5년간 75개국, 3백여만 명이 방문하였다.

흙건축은 아시아 대륙에서도 흔히 볼 수 있는데 대표적으로 중국의 서북쪽에 건설된 수천 킬로미터의 만리장성은 흙으로만 만들어졌다. 마치 카멜레온처럼 주변의 자연 환경에 따라 돌 위에서는 돌로, 흙 위에서는 흙으로, 모래 위에서는 모래로 축조되었다. 그리고 푸지안성 근처에는 '토루'라고 불리는 800여 명이 공동 주거가 가능한 아파트식 흙건축이 17세기부터 지어져 현재에도 사람들이 살고 있다.

중국의 흙건축 사례

한국의 전통건축인 한옥 역시 건축 요소별로 구분하면 대부분 흙을 기초 재료로 하여 만들어졌다. 지붕 재료에 따라 기와집이나 초가집으로 불리던 이러한 전통 민가들이 1970년대에 새마을 운동과 더불어 차차 사라지고 몇몇 지역의 전통마을이나 담배건조장 등으로 남아 있다.

우리나라의 흙건축

가장 오래된 건축 : 흙건축

　　신석기 시대부터 식물을 재배하고 수확하는 정착생활을 통해 기존의 유목 생활에서 사용되었던 간이주거에서 좀 더 단단한 집에 대한 요구가 생겼다.

　　집을 짓는 재료로는 주변 환경에 따라 나무와 돌, 흙 등을 사용하였다.

가장 오래된 흙건축 마을인 **요르단의 예리코 유적지**

가장 오래된 마을 중의 하나이다. BC 8000년경에 큰 발전을 하였고 진흙벽돌과 원형 혹은 타원형의 돌기초로 지어진 집들로 구성되었다.

가장 오래된 흙벽이 발견된 **시리아의 자 델 무가라 유적지**

1만 1000년 된 흙벽이 발견되었다. 전성기에는 5,000여 명의 인구가 살았고, 기후적 제약과 지역 재료를 적극 활용하여 최적화하여 만든 도시이다.

도시는 지름 2km의 둑 안쪽에 세워졌고, 도시 중심부는 지름 1.3km, 높이 8m, 폭 6m의 둑으로 보호되어 있다.

예리코 유적지
(photo : Thierry Joffroy / CRAterre)

시리아의 마리 유적지에서 발견된 흙벽
(BC 9000년)
(photo : Mahmoud Bendakir / CRAterre)

아프리카의 토속 건축

흙집의 조형적 특징은 그곳에 사는 사람들의 정체성을 담아낸다.

초기 아프리카 건축들을 보면 일반적으로 흙의 재료적인 특성과 함께 수작업으로 만들기 때문에 자유로운 형태를 갖고 있었다. 또 흙벽을 보호하기 위한 목적으로 마감을 위한 다양한 장식을 사용하였다.

조형성이 돋보이는 대저택 (photo : Thierry Joffroy / CRAterre)

아프리카 주거의 표면 장식 (photo : Thierry Joffroy / CRAterre)

두께 5센티미터의 **곡창**

곡식이 충분치 않은 사막 지역에서 곡창은 가장 귀중한 건축물이다. 흙으로 만들어 우기에 건조 상태를 유지하고 동절기의 피해를 최소화한다.

곡창은 사막 지역에서 필수적인 건축으로 흙건축의 형태적·구조적 특성을 잘 반영하고 있다. 따라서 오랜 경험의 축적으로 6m의 높이에서도 상부는 두께가 5센티미터에 지나지 않는다.

곡창 (photo : Thierry Joffroy / CRAterre)

마을축제 장소로서의 **사원**

마을의 중심에 위치한 사원에서 우기가 지나고 나서 마을사람들이 함께 모여 비에 의해 손상된 부분을 수리하는 날을 마을축제로 즐기는 풍습이 있다. 말리의 젠네에 있는 이슬람 사원은 마을공동체 생활의 중심 역할을 한다.

마을공동체 건물인 이슬람 사원
(photo : Thierry Joffroy / CRAterre)

사막의 도시들

예멘의 시밤은 사막의 맨해튼이라 불린다.

예멘의 시밤

16세기에 조성된 도시로, 현재 7,000여 명의 인구가 살고 있다. 500여 개의 건물로 조성되어 있으며 7층 규모의 건물 전체가 흙으로 만들어졌다. 고층으로 집적 생활을 함으로써 사막 기후에 적합한 쾌적한 환경을 조성하여 농경지 확보를 최대화하였다.

예멘의 시밤 (photo : Hubert Guillaud / CRAterre)

모로코의 아이트벤하두 마을

18세기에 곡물 보관소로 건립된 것을 시초로 하여 형성된 마을이다. 1987년 유네스코 세계 문화 유산으로 지정된 이후 영화촬영지와 관광지로 알려졌다.

이란의 야즈

생태 건축의 효시인 이란 야즈는 바람탑을 통하여 낮밤으로 대류현상에 의한 자연통풍이 가능하게 하였다.

모로코의 아이트벤하두 마을 (photo : TerraKorea)

이란 야즈의 바람탑 (photo : Iman Khajehrezaei)

스페인에서 아메리카 대륙까지

스페인의 알함브라 궁전

13~15세기, 스페인의 이슬람 문화를 대표하는 가장 귀중한 건축물이다.

알함브라 궁전의 가장 높은 탑인 코마레스 (Comares)는 높이가 45m로 세계에서 가장 높은 흙건축물이다.

스페인의 알함브라 궁전 (photo : Thierry Joffroy / CRAterre)

미국의 산타페시

미국 뉴멕시코주의 산타페시는 어도비 벽돌로 만들어진 주거와 400여 년 된 교회와 같은 공공 건물들이 즐비한 곳이다. 인디언들이 사는 마을에 스페인 문화가 전수되어 새로운 건축 문화를 꽃피운 도시이다.

미국의 산타페
스페인 문화와 인디언 문화가 절충되어 만들어진 흙건축 도시이다.

미국의 산타페시의 주거군
(photo : Hubert Guillaud / CRAterre)

200년 역사의 어도비 벽돌로 만들어진 교회
(photo : Hubert Guillaud / CRAterre)

프랑스의 흙건축

영주의 저택에서 농촌 주거까지

유럽의 다른 나라와 마찬가지로 프랑스에서도 가난의 상징으로 생각하는 흙집이 종종 귀족들의 주거에서 나타난다.

또 지역별, 기후별로 다양한 공법의 주거 형태를 보이고 있는데 북쪽 지역에서는 주로 나무를 틀로 이용하는 심벽 방식의 건축이 일반적이고 지중해 연안은 흙벽돌 공법, 대서양에 면한 서쪽 지역은 흙쌓기 공법, 그리고 론알프스 지역은 흙다짐 공법이 발달하였다.

흙다짐으로 만들어진 고성 (photo : Hubert Guillaud / CRAterre)

심벽 방식의 주택 (photo : Hubert Guillaud / CRAterre)

일다보 흙건축 마을

1970년대 석유 파동 이후 시멘트를 대체할 수 있는 재료로 흙을 이용하여 주택을 지어 72개 가구가 살 수 있도록 조성된 시범 지역이다. 흙건축 마을을 조성하는 데 과학적이고 기술적인 연구 및 건축디자인, 생산 및 시공 방법을 적용하였다.

흙건축의 과거, 현재, 미래에 관한 전시회를 통해 지난 5년간 75개국, 3백만 명의 사람들이 이 마을을 방문하였다.

일다보 흙건축 마을의 현대식 흙다짐 아파트 (photo : Hubert Guillaud / CRAterre)

일다보 흙건축 마을 (photo : Hubert Guillaud / CRAterre)

만리장성에서 민중건축까지

흙으로 만들어진 **만리장성**

중국의 서북쪽 지역은 돌이 흔하지 않기 때문에 수천 킬로미터에 걸친 만리장성이 흙으로 만들졌다.

흙이 충분한 점성을 갖지 않은 이유로 흙을 한 켜씩 쌓을 때 나뭇잎과 나뭇가지 등을 넣어 다졌다.

만리장성 (photo : Thierry Joffroy / CRAterre)

중정식 원통형 아파트 – 토루

중국의 푸지안성 근처에 17세기에서 20세기에 걸쳐 지어진 건물로, 흙다짐으로 만들어진 직경 70미터의 거대한 집합 주거이다.

토루는 방어를 목적으로 만들어진 4층 규모의 건물로 800여 명까지 함께 생활한다.

토루 (photo : Thierry Joffroy / CRAterre)

중국 중서부의 민중건축

중국 중서부에는 1~2층 규모의 전통 흙건축 마을이 많이 조성되어 있다. 민중건축은 대부분이 흙집이다.

전통 흙건축 마을 (photo : TerraKorea)

민중건축 (photo : TerraKorea)

한옥과 흙건축

흙건축으로서의 한옥

한옥을 요소별(바닥, 벽, 지붕 등)로 분류하면 흙건축으로 정의할
수 있다.

흙은 나무와 더불어 한옥을 구성하는 대표적인 건축 재료 중 하나
이다.

안동 하회마을의 한옥 (photo : TerraKorea)

하회마을의 흙다짐 담들
(photo : TerraKorea)

전통 민가

어도비 벽돌과 돌담 그리고 다짐벽으로 만들어진 주거 형태가 보인다. 1970년대 새마을운동 이후 대부분 사라졌다.

양동마을의 농촌 주거 (photo : TerraKorea)

담배건조장

1970년대 초까지 전국에 분포된 마을 공동체의 건물이다. 대부분 어도비 벽돌로 만들어진 2층 규모의 건물이다.

지금은 대부분 파손되거나 일부 리모델링하여 창고나 다른 기능을 하고 있다.

경북 고산리의 담배건조장 (photo : TerraKorea)

흙건축의 현대화

세상에서 가장 오래된 건축 재료 중 한 가지인 흙은 인간에게 가장 친숙한 건축 재료로서 그 역할을 충실히 해오고 있는데, 그 흔적은 세계 곳곳에서 쉽게 발견할 수 있다. 흙으로 지어진 건축물들은 그 지역의 특성을 반영하며 역사적, 문화적으로 높은 가치를 지니고 있다. 최근에는 이러한 가치들의 바탕 위에서 흙건축을 현대적으로 활용하기 위한 노력들이 다양하게 전개되고 있다.

특히, 흙은 어느 지역에서나 쉽게 구할 수 있고, 특별한 가공이 필요치 않아 운송과 제조에 필요한 에너지가 거의 발생하지 않는다. 그래서 최근에는 지속가능한 개발에 가장 부합한 건축 재료로 각광받고 있다. 흙건축은 전통 방식을 벗어나 현대적으로 재조명되고 있는 것이다. 이것은 현대 건축재료로서 흙의 가치를 극대화시키고 있다. 세계 곳곳에서 현대적인 흙건축이 시도되었고, 다양한 사례들을 통해 현대 건축 재료로써 흙의 잠재 가능성을 잘 보여주고 있다. 그리고 흙건축은 과거의 낡은 건축 양식이라는 고정적인 인식에서 미래의 지속가능한 건축 양식으로 새롭게 바뀌어 가고 있다.

또한, 건축 재료로서 흙은 기능적 역할뿐만 아니라 사람들에게 심리적 안정, 따뜻한 감정, 쾌적한 느낌 등을 제공하며 감성적 영역에서도 그 가치를 십분 발휘하고 있다. 그리고 흙이 가지고 있는 고유의 색상, 질감 등은 건축 디자인 재료로의 역할도 훌륭히 수행하고 있다. 이렇게 흙이 건축 재료로서 가지고 있는 장점들을 나열하지 않더라도 자연의 흙은 인간에게 거주지를 제공해 주어 인간과 자연을 연결시켜주는 매개체 역할을 하는 등 우리 정서와 맞닿아 있다. 현대적인 흙건축에서는 이런 장점들을 극대화시키기 위한 계

획들을 선보이고 있으며, 이러한 탐구는 지속되고 있고 기존 건축
과 차별화되는 장치가 되고 있다.

이렇듯 흙건축의 현대화는 지속가능한 개발과 같은 시대적 요 흙건축의 현대화
구 상황에 반응하며 자연스럽게 진행되고 있으며, 흙의 장점을 스
스로 개발하고 진화시키고 있다. 그리고 오래된 무의식 속에 존재
하는 흙의 잠재적 가치를 보다 더 잘 이해하고 활용하기 위해 교
육, 세미나, 학술대회 등 다양한 활동들이 이루어지고 있다. 이런
활동들은 다양한 논의를 만들어 내며 앞으로 흙건축의 현대화가 나
아가야 할 방향성에 대한 균형 잡힌 시각을 제공해 주고 있다.

끝으로, 흙건축에 있어 현대화라는 말은 매우 광범위해 자칫 흙건축의 올바른 현대화 방향
왜곡되어 이해되고 활용될 수 있다. 흙건축의 현대화는 흙은 자연
의 중요 구성요소라는 가장 기본적인 의미로부터 자연을 중심에 놓
고 산업혁명 이후 초래된 환경 파괴적 상태를 극복할 수 있는 재료
로서 흙건축의 현대화는 전개되어야 할 것이다. 즉, 흙건축의 현대
화는 자연 원리의 기반 위에서 지속가능한 발전을 지향해야 하며,
인간과 자연이 공존할 수 있는 미래 건축의 전형을 만들어 가도록
노력해야 한다는 것을 의미한다.

흙건축의 현대화

오래전부터 흙은 다양한 방식으로 단점을 개선해 왔고, 현재에도 이러한 방식들은 유효하며 최근에는 현대적으로 재해석되어 활발히 이용되고 있다.

건축 재료로서 흙은 강도가 약하고, 물에 잘 풀리는 단점을 지니고 있기 때문에 상황에 따라 흙을 적절히 잘 사용해야 현대적으로 활용하기 용이하다.

흙건축은 지역에서 획득한 재료를 특별한 가공 없이 사용할 수 있어 최근의 지속가능한 개발에 가장 부합하는 건축 방식이다.
흙이 가지고 있는 자연적 · 지역적 · 전통적 요소들은 건축 디자인 재료로 활발히 이용되게 하고 있고, 이것은 건축 재료로서 흙의 가치를 극대화시키고 있다.

흙은 현대 건축 재료로서의 잠재 가능성과 가치를 수없이 많은 사례를 통해 보여주며, 흙건축을 통해 스스로 진화하고 있다.

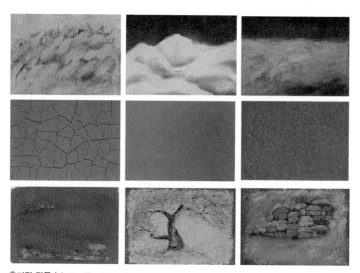

흙미장 작품 (photo : TerraKorea)

흙건축의 현대적 활용사례

현재에도 세계 곳곳에서 흙건축은 전통적·현대적으로 지어지고 있으며, 이 흙건축들은 현대적인 건축 양식으로서 흙건축의 가능성을 보여주고 있다.

흙건축은 과거의 건축이라는 인식을 지워버릴 수 있는 여러 가지 모습들을 건축물로 구현해 보이며, 건축 분야에서 그 역할을 충실히 수행하고 있다.

흙재료는 건축의 영역을 넘어 다양한 영역에서 활용될 수 있고, 특히 자연 재료로서 흙이 가지고 있는 디자인적인 요소는 흙건축의 활용을 확장시킬 수 있도록 하고 있다.

프랑스 그르노블 건축학교 흙건축 작품 (photo : CRATerre)

흙다짐벽과 콘크리트로 지어진 건물 (photo : TerraKorea)

콘크리트 구조체와 결합된 흙다짐벽 (photo : TerraKorea)

흙다짐벽과 콘크리트로 지어진 건물
(photo : TerraKorea)

현대적인 느낌의 흙벽돌 건축물 (photo : TerraKorea)

프랑스의 현대적 흙벽돌 건물 (photo : TerraKorea)

프랑스 크라떼르 흙건축 연구소 흙건축 전시회 (photo : CRATerre)

아파트 흙미장 리모델링 (photo : TerraKorea)

흙타설로 지어진 건물 (photo : TerraKorea)

와인공장의 흙다짐벽
(photo : TerraKorea)

흙다짐 방식으로 표현된 조형 작품
(photo : TerraKorea)

흙다짐 인테리어
(photo : TerraKorea)

벽을 흙미장 조형 작품으로 표현 (photo : TerraKorea)

다양한 색상의 바닥 흙블록 (photo : TerraKorea)

흙벽과 소리의 관계를 추상적으로 표현
한 작품
(photo : CRATerre)

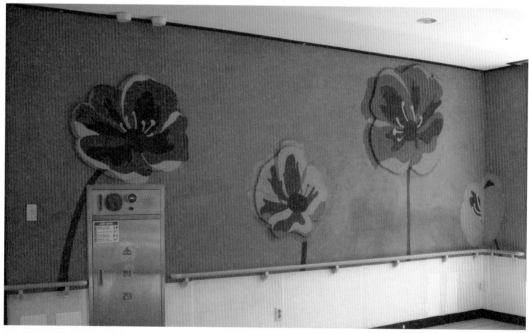

벽을 흙미장 조형 작품으로 표현 (photo : TerraKorea)

흙건축 관련 이론 이해

제대로 된 흙집을 짓기 위해 흙의 특성과 성질 제대로 알기

흙의 정의 및 반응

자연의 건축 재료인 흙

흙건축에서 가장 어려운 것은 흙이 자연 재료라서, 재료의 선정이나 사용에 있어서 획일적인 기준이 적용되지 않는다는 데 있다. 우리는 인공적인 재료에 익숙하다 보니 흙 또한 그렇게 정량적으로 맞아떨어지기를 원하지만 흙은 그렇지 않고 그럴 수도 없다. 그럼에도 우리는 건축행위를 해야 하고 그러기 위해서는 흙재료를 능란하게 다루어야 할 필요가 있다. 본 장에서는 이러한 흙의 정의와 기본적인 구성을 이해하고 그 반응원리를 익혀서 흙이 갖고 있는 단점을 이해하고 흙의 장점을 살리는 방법을 살펴보고자 한다.

흙의 정의 및 구성편

먼저 흙의 정의 및 구성편에서는 흙의 정의와 특징 및 기본적인 구성을 알아보고, 흙건축에서의 좋은 흙이란 무엇인지 그리고 황토란 무엇인지 살펴보고, 흙의 구성요소와 역할을 고찰해 본다.

흙의 반응원리편

흙의 반응원리편에서는 입자 이론(particle theory)과 결합재 이론(matrix theory)을 알아본다.

입자 이론은 입자 간 간극을 최소화함으로써 입자 간의 인력을 최대화하여 응집 현상이 일어나게 하는 것으로, 흙입자 간의 간격을 최소화하면 흙입자 간의 인력이 최대가 되어, 흙입자는 강한 응집을 나타내게 된다. 입자 간에 공극이 없이 조밀하게 충전될 경우에 가장 큰 응집을 보이게 되는데, 이를 최밀충전효과(optimum micro-filler effect)라고 명명한다.

결합재 이론은 입자와 입자 사이를 엮어 주는 결합력이 강한 물질을 이용해 응결 현상이 일어나게 하는 것이며, 토립미분과 외부로부터 투입되는 석회가 반응하는 포졸란 반응에 의한 강도발현 방법과 외부로부터 투입되는 천연유기물에 의한 강도발현 방법이 있다.

안정편에서는 입자 이론과 결합재 이론을 이용한 흙의 성능 개선 및 물리·화학적 안정에 대해 살펴본다. 입자 이론에 의한 물리적 안정을 위한 기본 조건은 입도와 물에 대하여 고찰하는데, 흙입자들의 분포를 조절하여 흙의 역학적 성질을 개선하는 방법인 입도 조절과 물에 대하여 살펴보고, 실제적 방법인 다짐과 섬유보강에 대하여 알아본다.

화학적 안정이란 결합재 이론에 근거하는 것으로써, 첨가제를 이용하여 흙의 성능을 개선하는 방법인데, 주로 사용하는 첨가제로는 무기계와 유기계가 있다.

흙의 안정편

흙을 이용한 반응별 비교편에서는 흙을 이용하는 방법에 대하여 다루면서 각 반응들의 기본적인 성질을 살피고 어떠한 반응들을 이용하여 흙을 사용해야 하는지 알아본다. 특히 흙의 특성을 이해하지 못하고 사용하는 경우 무엇이 문제가 되는지 고찰하여 흙의 올바른 사용에 대하여 생각해 보도록 한다.

흙을 이용한 반응별 비교편

흙의 정의

흙은 암석의 붕괴나 유기물 분해 등에 의해 생성된 미고결 풍화산물로 크기가 서로 다른 입자들의 집합체이며, 지각의 표층부를 구성하고 있는 물질 중에서 견고한 암석을 제외한 물질이다.

흙의 특징

자갈, 모래, 실트, 또는 점토의 집합체인 흙이 금속 재료나 암반과 다른 점은 흙이라는 재료가 비연속체(discrete material)라는 사실이다. 흙입자 그 자체는 각각의 입자 하나가 고체이지만, 고열이나 큰 압력에 의한 물리적 결합이 이루어진 것으로서 화학반응에 의한 화학적 결합이 아니기 때문에 각각의 입자는 강하게 부착되어 있지 않다.

흙입자는 외력에 의해 쉽게 분리될 수 있으므로 입자 상호 간에 위치 변화가 쉽게 일어난다. 이러한 관점에서 보면 흙은 암반과 구별된다. 광물입자들이 쉽게 분리될 수 있는 반면, 암반은 영속적인 결합력에 의하여 강하게 부착되어 있다. 비연속체 재료인 흙은 흙 입자 사이에 압축성이 큰 공기와 비압축성의 물이 존재하고 있기 때문이며, 흙에 하중이 가해지는 경우 이러한 물질의 상호작용 때문에 하나의 균질한 물질로 되어 있는 경우와는 달리, 힘의 전달이나 변위가 단순하지 않은 특성이 있다.

흙건축에서의 좋은 흙

흙건축에서 좋은 흙이란 주위에 가까이 있고 구하기 쉬운 흙이 가장 좋은 흙이라고 할 수 있는데, 이는 신토불이와도 무관하지 않을뿐더러 흙집을 지었을 때 주변 여건과 조화되는 점과 수송비 등 경제적 측면을 고려할 때 더욱 그러하다. 따라서 어떠한 흙이라도 균열이 가지 않고 튼튼한 집을 지을 수 있도록 하는 기술이 필요하다. 가능한 한 시멘트를 섞지 말고, 화학수지를 쓰지 않아야

• 실트
물을 잘 흡수하나 건조 시 다 증발시켜 크랙(crack)의 주요인

하며, 아울러 흙은 굽지 않았을 때 흙(earth)이고 일단 구우면 흙의 많은 특성을 잃어버리므로(ceramic) 굽지 않고 사용하는 것이 바람직하다.

좋은 흙재료란, 흙집에 사용된 후에 폐기되었을 때 다시 그 흙에 배추를 심어 재배할 수 있도록 하는 것이 가장 좋은 흙집재료라고 생각된다.

황토

황토는 국어대사전에 '① 빛깔이 누르고 거무스름한 흙, ② 대륙의 내지에서 풍화로 인해 부스러진 암석의 세진이 바람에 날려와서 지표를 두껍게 덮고 있는 누르고 거무스름한 흙. 중국의 북쪽, 특히 황하 유역과 유럽, 북미 등에 분포하고 있고, 황토는 바람에 의해 운반된, 주로 실트 크기의 입자로 구성된 연황색-황갈색 퇴적물로서, 균질하고 비층상이며 기공이 많으며 쉽게 부스러지는 성질을 가지며 약한 점착력이 있으며 석고질이 포함된 경우가 많다.'고 정의하고 있다.

그러나 우리나라의 황토는 풍성 기원의 퇴적물에서 나타나는 광물조성이나 특성이 거의 없어서 암석의 풍화 결과 형성된 것이고, 산이나 밭에서 쉽게 볼 수 있는 황색 내지 적갈색의 풍화토이다.

황토는 원래 학술적인 명칭이 아니라 동양사상에서 의미하는 중심으로서의 황색을 내포하여, 흙의 중심, 흙 중의 흙이라는 뜻이었다. 한국광물학회에서 암석의 풍화 결과 형성된 황색 내지 적갈색의 풍화토로 정의하여 학술적인 의미로 사용되었다.

영문 표현은 Hwangtoh로 하는 것이 적절하며, 설명적으로는 red clay로 사용한다. 흔히 사용하는 loess는 강가의 퇴적토를 의미하는 것이므로 적절하지 않고, ocher는 중동 지역의 철분이 많은 붉은 흙을 의미한다. 또한 yellow soil은 그냥 노란 토양이라는 의미이다.

흙의 구성요소

점토, 실트, 모래, 자갈로 구성된 흙은 이 구성요소의 다소에 따라서 점토질 토양, 모래질 토양 등 여러 성질을 지닌 흙으로 분류된다.

흙의 구성요소와 역할

자갈, 모래, 실트는 그 성질이 거의 같으며 다만 크기로 인하여 그 특성이 다르게 된다.

흙의 구성요소	역할
자갈	크기는 2.5~200mm의 범위로, 모암이 풍화되어 생성된 작은 입자의 거친 재료로 구성되고 흙 속에서 수축과 모세관 현상을 억제시킨다.
모래	크기는 0.074~2.5mm의 범위로, 실리카나 석영 입자로 구성되어 있고 점착력이 거의 없다. 낮은 흡수력은 표면의 팽창과 수축을 억제시킨다. (콘크리트 골재로는 흙 중에서 점토분과 실트를 제외한 모래와 자갈만을 사용한다.)
실트	크기는 0.002~0.074mm의 범위로, 물리·화학적으로 사실상 모래의 조성과 동일하다. 내부 마찰력 증가로 흙의 안정성을 주며, 입자 사이의 수분막은 실트에 점착력을 부여한다. 실트가 너무 많으면, 물에 대한 비표면적의 증가로 균열을 유발한다.
점토	0.002mm 이하의 범위로, 물리·화학적 성질이 다른 요소들과는 다르며 팽창과 수축에 매우 민감하다. 또한 흙을 흙답게 하는 요소이다. 점토 입자들 중 0.001mm 이하의 아주 미세한 입자를 콜로이드라 하는데, 이것은 표면적이 크고, 그 표면의 성질이 특이하여 흙의 성질에 있어 중요한 역할을 한다. (지장수라고 하는 것은 흙 중에서 이 점토분의 성질을 이용한 것이다.)

흙의 분류

구분 \ 종류	1차 점토 (primary clay, Kaolin)	2차 점토 (secondary clay, Clay)
성인	암석의 풍화	암석풍화물의 퇴적
주산지	산(山) 및 밭(田) 등	川(천)
구조	1:1 구조(2층 구조)	1:2 구조(3층 구조)
주성분	SiO_2 : 35~50% Al_2O_3 : 25~40%	SiO_2 : 60~70% Al_2O_3 : 10~20%
입자 크기	조립	미립
주된 종류	고령토, 황토, 마사토, 밭흙 등	통상 점토, 논흙, 뻘흙, 진흙 등

흙의 반응원리

흙의 반응원리는 입자 이론과 결합재 이론으로 대별된다. 입자 이론에 의한 반응은 외부 물질의 투여 없이 흙 자체를 이용하여 흙의 효과를 극대화할 수 있는 장점이 있는 반면 물이 침투하게 되면 최밀충전이 깨지면서 입자 간 응집이 풀리는 단점, 즉 물에 약한 단점이 있다. 결합재 이론에 의한 반응은 점토분과 외부로부터 투입되는 회가 반응하는 이온 반응과 포졸란 반응에 의한 응결 현상으로서, 흙에 회와 같은 외부 물질이 투여되어야 하는 단점이 있지만, 강도가 높고 물에 강한 장점이 있다.

입자 이론(particle theory)

입자 간 간극을 최소화함으로써 입자 간의 인력을 최대화하여 응집 현상이 일어나게 하는 것이다. 흙입자 간의 간격을 최소화하면 흙입자 간의 인력이 최대가 되어, 흙입자는 강한 응집을 나타내게 된다. 입자 간에 공극이 없이 조밀하게 충전될 경우에 가장 큰 응집을 보이게 되는데, 이를 최밀충전효과(optimum micro-filler effect)라고 한다.

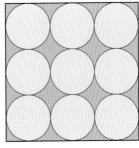

단일 크기의 입자들로 채워진 배열. 입자 사이의 공극이 크다.

방법 1

흙입자 외부에서 물리적 힘을 가하여, 흙입자 간의 거리를 가깝게 하는 것이 필요하며, 이를 이용한 것이 고압으로 흙벽돌을 찍거나 미장칼로 흙을 눌러서 표면을 단단하게 하는 방법이 사용된다.

방법 2

입자 간의 간극을 가장 좁히는 것은 공극을 최소화하는 것과 같은 의미인데, 동일한 용기에 콩만으로 채워진 시료와 콩, 쌀, 좁쌀이 함께 채워진 시료를 생각해 보면 후자의 공극이 작고, 이것이 더 밀실하게 채워진다는 것을 알 수 있고, 후자의 것이 더 강한 힘을 발휘하게 된다. 흙에서도 마찬가지인데 자갈, 모래, 실트, 점토분이 골고루 섞여 있게 배합하는 것이 관건이며, ACT 16 실험으로 결정한다.

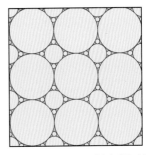

다양한 크기의 입자로 채워진 배열. 입자 사이의 공극이 작다.

결합재 이론(matrix theory)

입자와 입자 사이를 엮어 주는 결합력이 강한 물질을 이용해 응결 현상이 일어나게 하는 것이며, 토립미분과 외부로부터 투입되는 석회가 반응하는 포졸란 반응에 의한 강도발현 방법과 외부로부터 투입되는 천연유기물에 의한 강도발현 방법이 있다.

이온반응은 석회 중의 Ca^{++}가 점토입자 표면의 이온과 교환해서 흡착되어 점토입자 표면의 전상태가 변해서 점토입자가 초집해서 전립화하는 현상이다. 토양학에서 Ca^{+}는 수화성이 낮아 음전하가 약하므로 흙에 밀착되려는 성질이 강하고, 이는 곧 떼알을 형성하게 된다.

포졸란 반응은 흙 속의 실리카(SiO_2)나 알루미나(Al_2O_3)가 석회의 알칼리와 반응하는 것으로서, 고대 로만시멘트나 우리나라의 회다지 등에 쓰였던 반응이다. 포졸란 반응은 크게 두 가지가 있는데, 흙 속의 실리카와 알칼리가 반응하여 CSH겔을 생성하는 Afwillite반응과 흙 속의 실리카와 알루미나가 동시에 알칼리와 반응하여 CASH겔을 생성하는 Strätlingite 반응이 있다. 이 두 가지는 동시에 일어나게 되며, 이로 인해 강도가 발현된다.

· Afwillite 반응

$3Ca(OH)_2 + 2SiO_2 + 3CaO = 2SiO_2 \cdot 3H_2O$

· Strätlingite 반응

$2Ca(OH)_2 + Al_2O_3 + SiO_2 + 6H_2O = 2CaO \cdot Al_2O_3 \cdot SiO_2 \cdot 8H_2O$

위의 반응에 의해 석회와 흙이 반응하게 되면 흙은 강한 결합을 이루게 되므로, 물에 대한 저항성이 강해져서 물에 풀리지 않게 된다. 또한 높은 강도를 발현하므로 강도가 필요한 부위에 사용될 수 있다.

강도는 석회의 첨가량에 비례하여 발현된다. 즉, 석회 첨가량이 늘어날수록 강도는 올라간다. 석회 자체는 강알칼리성 물질이지만 흙과 반응하면 알칼리성이 없어져서 몸에 나쁘진 않다.

　하지만 석회가 들어간 만큼 흙이 적게 들어가는 것이므로, 필요한 강도 요구에 따라 적절하게 사용하는 것이 좋다.

물리적 안정

외부로부터의 적절한 물리력이나 흙입자 간의 적절한 배합은 입자간극을 최소화하고, 흙입자와 물 사이의 최적 수소결합을 위하여 불필요한 물입자를 제어하는 것이 중요하다.

이 원리는 외부 물질의 투여 없이 흙 자체를 이용해 흙의 효과를 극대화할 수 있는 장점이 있는 반면, 물이 침투하게 되면 최밀충전이 깨지면서 입자 간 응집이 풀려 버리는, 즉 물에 약한 단점이 있다. 적절한 물에 대한 대책을 마련하여 사용해야 한다.

물리적 안정을 위한 기본 조건 : 입도와 물
입도

입도 조절은 흙의 입자들의 분포를 조절하여 흙의 역학적 성질을 개선하는 방법이다. 외국의 경우, 흙 속에 점토분이 많고 실트질이 적기 때문에, 흙을 건축 재료로 사용하고자 할 때 큰 문제없이 쓸 수 있는데 반해 우리나라의 흙은 점토분보다 실트질이 월등히 많기 때문에 이의 조절이 중요하다. 실트는 입자 크기가 작아 비표면적이 커서 다량의 물을 보유하고 있지만 반응은 일으키지 않아서, 다량의 물이 증발하면서 균열을 유발하는 원인이 되므로, 모래를 증가시켜 상대적으로 실트의 함량을 낮추어 사용한다.(ACT 16 참조)

적정한 물이 첨가된 흙입자

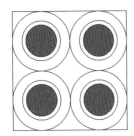

과도한 물이 첨가된 흙입자

물

흙에 물이 과다하게 첨가되면 물입자의 부피로 인해 단위부피에 들어가는 흙입자가 감소하게 되고, 이로 인해 최밀충전이 깨지게 되어 강도 등 여러 물성이 불리해지게 된다. 또한 물이 증발하면서 균열이 발생하게 되므로, 흙에 물을 첨가할 때에는 정확한 양을 첨가하는 것이 중요하고 정확한 물의 양을 넣을 수 없는 피치 못할 경우에는 가능한 적게 넣는다는 생각으로 임해야 한다.

(입자와 물의 관계에 관한 전통적인 질문인 '마른 모래 1l와 젖은 모래 1l 중 어느 것이 더 무거운가?'에 해답이 있다)

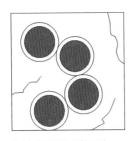

잉여수의 증발로 인한 균열

물리적 안정을 이용한 흙의 이용방법

흙을 이용하는 방법에서 물리적인 안정이란 입자 이론에 근거하는 방법으로서, 자연상태의 흙에 외부적인 힘을 작용하여 흙의 공학적 물성을 개선하는 방법이다. 즉, 다짐(compaction)이나 타격, 누름, 반죽, 진동 등의 인위적인 방법으로 흙에 에너지를 가하여 흙입자 간의 공기를 배출시킴으로써 흙의 밀도를 증대시키는 것을 말한다.

흙을 다지면 토입자 상호 간의 간극이 좁아져서 흙의 밀도가 높아지고 공극이 감소해서 투수성이 저하할 뿐 아니라 점착력과 마찰력이 증대하여 충분히 다져진 흙은 역학적인 안정도가 높아지게 된다. 이와 같은 효과는 흙의 성질을 개선시키기 위한 경제적이고도 효과적인 방법으로 흙댐, 도로, 활주로, 철도 등과 같은 다양한 구조물에도 매우 유용하게 사용된다.

방법 1 : 다짐

1) 다짐의 일반적 원리

다짐은 기계적인 에너지로 흙 속의 공기를 간극에서 제거하여 단위중량을 증대시키는 방법이다. 이때 다짐의 정도는 흙의 건조단위중량으로 평가하며, 다짐 시 흙 속에 적절한 물이 들어가면 물의 윤활작용에 의하여 흙입자의 위치가 서로 이동하게 되며 밀도가 증가한다.

다짐된 흙의 건조단위중량은 초기에는 다짐함수비의 증분에 비례하여 증가하게 된다. 함수비가 0인 완전히 건조된 흙일 경우, 습윤단위중량은 건조단위중량과 같다. 동일한 다짐에너지가 적용될 경우 함수비 증가에 따라 단위체적중량은 점진적으로 증가하며, 임의의 함수비를 초과하면 건조단위중량은 오히려 감소되는 경향이 있다.

2) 다짐에 영향을 미치는 요소

앞에서 설명한 바와 같이 함수비는 흙의 다짐도에 매우 중요한 역할을 한다. 또한 함수비 외에도, 다짐에 영향을 미치는 중요한 요소는 흙의 종류, 입도분포, 입자모양, 흙고체의 비중, 점토광물의 종류와 양, 그리고 다짐에너지 등이 있다.

방법 2 : 섬유보강

    섬유는 흙의 건조수축으로 인해 발생하는 균열을 제어하기 위한 보강재로 세계적으로 광범위하게 사용되어 왔다. 가장 대표적으로 사용된 재료는 주변에서 손쉽게 구할 수 있고 매년 풍부하게 생산되는 볏짚이나 밀짚과 같은 식물성 섬유이다.

    섬유의 종류는 식물질 섬유, 동물질 섬유, 광물질 섬유로 대별되는데, 지역별로 구하기 쉽고 저렴한 것을 사용하면 된다.

1) 식물질 섬유
- 짚섬유 – 볏짚, 밀짚
- 종자모섬유 – 면, 폭
- 인피섬유 – 황마, 아마, 대마, 저마
- 엽맥섬유 – 마닐라마, 사이잘마, 뉴질랜드마
- 과실섬유 – 야자

2) 동물질 섬유
- 수모섬유 – 양모, 카멜모, 캐시미어, 라마모, 모헤아, 비큐나모
- 견섬유 – 가잠견, 야잠견

3) 광물질 섬유
- 탄소섬유, 유리섬유, 아라미드섬유, 세피오라이트

화학적 안정

화학적 안정이란 결합재 이론에 근거하는 것으로서, 첨가제를 이용하여 흙의 성능을 개선하는 방법이다. 주로 사용하는 첨가제로는 무기계(석회와 시멘트)와 유기계(천연유기물질과 합성수지) 물질이 있다.

이들 첨가제와 흙은 물과 함께 섞였을 때 화학적 반응이 발생한다. 석회나 천연유기물질은 흙의 기본 성질을 해치지 않는데 반해 시멘트나 합성수지는 수화반응으로 인한 수화반응물질에 생성에 의한 강도발현(Cementation)이나, 수지막 형성에 의한 코팅효과로 강도발현(Imperviousness)이 되어 강도가 높은 장점이 있는 반면, 결합재에 흙이 둘러싸임으로써 흙의 고유 성능을 잃어버리는 점과 시멘트나 합성수지의 문제점이 그대로 노정되는 단점이 있으므로 가능한 한 사용하지 않는 것이 좋다.

화학적 안정은 토립미분과 외부로부터 투입되는 석회가 반응하는 포졸란 반응에 의한 강도발현 방법과 외부로부터 투입되는 천연유기물에 의한 강도발현 방법이 있다. 흙에 외부 물질을 투여해야 하는 단점이 있지만, 강도가 높고 물에 강한 장점이 있다.

방법 1 : 무기계(석회)

석회의 적정 첨가량은 흙마다 다르므로, 사용하고자 하는 흙에 석회를 비율별로 첨가하여 강도를 확인하고 사용해야 한다.

석회는 생석회와 소석회가 있는데, 생석회는 반응이 빠르고 팽창성이 있어서 흙과 반응하는데 유리하지만, 그 반응이 워낙 급격하므로 품질관리에 어려움이 많다.

소석회는 생석회가 소화되어 생긴 것이며(아래 반응식 참조), 반응이 안정적이다. 생석회를 물에 담가두거나 소석회를 물에 담가두었다가 사용하면 좋은데, 이는 석회 입자 속까지 물이 스며들어 반응이 잘 일어나도록 하려는 것이며, 대기중에서 석회가 이산화탄소와 반응하는 것을 차단하여 순도를 지키기 위함인데, 몇 년씩 물에 담가두었다가 사용하기도 한다.

- **석회의 반응**

$CaCO_3$ (석회석) → CaO (생석회) + CO_2

$CaO + H_2O$ → $Ca(OH)_2$ (소석회) : 소화반응

$Ca(OH)_2 + CO_2$ → $CaCO_3$

석회는 석회석에서부터 오는데, 제조과정에서 이산화탄소를 발생시키기는 하나 생석회, 소석회, 석회석으로 이어지는 반응에서 그 이산화탄소를 다시 소모하므로 유럽에서 친환경 물질로 인정하고 있다. 또한 석회는 그 자체는 강알칼리성의 물질로서 인체에 유해할 수 있으나 흙과 반응하면 안전하고 무해한 물질로 바뀌게 된다. 최근에는 실내 중의 유해물질 제거에도 좋은 효과가 있다는 보고가 있다.

방법 2 : 유기계(천연유기물질)

동물성

아교는 동서양 전반에 걸쳐 대표적인 동물성 접착제이다. 불순물을 함유하고 있는 품질이 낮은 젤라틴으로 짐승의 가죽이나 뼈를 원료로 하는데 주로 소가죽을 사용하였다.

어교는 생선의 어피(魚皮), 뼈, 근육, 부레, 내장 등과 결합조직을 구성하는 경단백질(Collagen)의 열변성에 의해 생성된 물질이다.

우유카세인은 유럽에서 많이 사용한다. 우유를 썩혀서 그 위에 뜨는 뭉글뭉글한 것이 그것이며, 이를 흙벽에 바르면 표면강도 증진에 기여하지만 냄새가 좋지 못하여 사용에 어려움이 있다.

식물성

해초류를 이용한 접착제는 흔히 해초풀로 불리고 연안지역에서 채취하여 사용되었으며, 특히 한국과 일본에서 주로 사용하였다. 해초풀은 도박, 우뭇가사리 등이 주로 사용된다. 흙과 석회에 섞어서 보장제 용도로 사용하였다.

목초류는 황촉규, 후박나무, 알테아, 옻나무, 아라비아고무나무, 느릅나무 등 목초의 줄기와 뿌리에서 점액질을 얻어내거나 수액을 사용하였다.

곡류는 콩, 소맥, 쌀 등을 사용하였으며 즙과 전분을 이용하여 접착제와 보강제로 사용하였다. 멥쌀(粳米)은 밀보다도 수화성(水化性)이 좋아서 접착력이 우수하고, 찹쌀은 자체 점성력이 우수하나 접착될 때 늘어지는 경향이 있어서 멥쌀과 7 : 3의 비율로 섞은 후 저온 가열하여 사용하였다.

• 도박
도박은 도박속(Pachymeniopis elliptica YAMADA)에 속하는 해조식물로 몸 아랫부분의 뒷면이 바위에 붙어 자란다.

식물성 기름

건성유는 아마인유(亞麻仁油)·동유(桐油)·들기름 등이다. 공기 속에 방치해 두면 비교적 단시간 내에 고화(固化) 건조된다. 흙건축에 많이 쓰이는 것은 아마인유이다. 식물성건성유로서 유화 등에 많이 사용되고 있으며, 이를 흙에 바르면 방수적인 특성을 갖게 된다. 흙으로 벽체나 바닥을 만들고 완전히 건조시킨 다음, 아마인유를 3~5회 발라준다.

반건성유에는 채종유·면실유·참기름·콩기름이 있고, 불건성유에는 동백유·피마자유·올리브유가 있다.

콩댐

우리나라에서는 콩댐이라는 것을 사용하였다. 불린 콩을 갈아 들기름을 섞고 이를 무명주머니에 넣어 여러 번 문지르면 장판지에 윤이 흐른다. 색조를 일정하게 내기 위하여 치자물을 콩댐에 섞어 장판지에 골고루 문지르면 아름다운 황색조를 띠게 된다. 이와 같은 치장은 장판지에 내수성을 갖게 하는 등 이중효과를 가지고 있는데, 손이 많이 가고 번거로운 단점이 있다.

개선된 콩댐은 건성유인 들기름에 콩물을 4:6으로 섞어서 2~3회 발라주는데, 이는 들기름의 건성유적인 특성과 콩의 단백질 고화원리를 적절하게 이용한 것으로서, 표면이 단단하고 광택이 나서 아름다운 면을 만들 수 있다.

흙페인트

흙벽돌이나 흙미장을 하고 난 이후에 흙이 묻어나지 않게 하는 방법으로서, 느릅나무를 고아낸 물에 풀을 쑤어서 흙을 넣고 개어서 바르는 것이 가장 좋다. 주의할 점은 느릅나무는 항균효과가 있고 흙이 묻어나지 않는 탁월한 장점이 있는 반면 금방 상하는 성질이 있어서 고아낸 물은 가급적 빨리 (수일내) 사용해야 한다. 흙은 고운 흙을 사용하는데 고운 흙은 고운체에 치거나 물에 가라앉혀서 얻는다.

흙을 이용한 반응별 비교

입자 이론과 결합재 이론에 의한 흙의 반응 비교

입자 이론에 의한 흙의 반응은 점토분과 물이 반응하여 생성된 결합이 흙과 흙 사이를 엮어주는데, 흙의 고유 특성이 살아 있는 장점이 있는 반면 물에 약한 단점이 있다.

결합재 이론에 의한 반응은 위의 반응에다가 점토분과 회의 이온 및 포졸란 반응에 의한 결합이 엮어주게 되며, 흙의 특성을 살린 강한 결합으로 강도가 높고 물에 풀리지 않는 장점이 있는 반면, 강력한 결합으로 인해 흙이 주는 부드러운 질감이 다소 감소하는 단점이 있다.

흙에 시멘트를 섞어 쓰면(cementation) 시멘트끼리 결합하게 되어 시멘트 수화에 의한 수화반응물질이 생성된다. 그래서 처음에는 강도가 높고 좋은 것처럼 보일 수 있으나 이 결합이 흙을 둘러싸게 되어, 즉 강한 결합재료가 굳고 그 결합 사이사이에 흙이 메워지는 형태가 되어 흙의 고유특성을 발휘할 수 없게 된다. 또 흙과의 관계로 인해 장기적인 강도에 문제가 있을 수 있다.

자외선열화 현상이란 합성수지가 자외선에 장기간 노출될 경우 성능이 저하되는 현상을 말한다.

화학수지를 흙과 섞어 쓰면(imperviousness) 화학수지의 작용으로 인하여 균열이 발생하지 않고 표면 상태가 일정한 장점이 있으나, 이 화학수지가 흙을 코팅하여 흙의 특성을 발휘할 수 없게 함으로써 무늬만 흙인 상태가 되고, 화학수지에서 VOCs 등 유해물질이 방출됨으로써 차라리 흙을 안쓰는 것만 못하게 될 수도 있다. 또한 합성수지의 자외선열화 현상으로 인해 장기적으로 문제가 발생할 소지가 있다.

흙을 굽게 되면(fusing) 흙의 결합을 이루는 구조가 변하게 되어 흙이 아닌 전혀 새로운 물질(ceramic)이 된다. 참고로 시멘트도 흙과 석회석을 원료로 하여 만들어지는데, 높은 온도로 구워서 만들어 흙이 아닌 새로운 물질이 되는 원리와 유사하다. 흙을 구우면 고온소성에 의한 흙용융 고착으로 강도가 발현되며, 강도가 높고,

제조 시 흙만을 이용하는 장점이 있는 반면, 많은 에너지가 소모되고, 흙의 고유 특성이 상실되는 단점이 있다.

흙을 이용한 반응별 비교

	반응원리	장점	단점
	물리적 안정 : 흙 자체 반응(수소결합, 이온반응)	흙의 고유 특성 구현	강도가 낮고, 물에 약함
	화학적 안정 : 흙 자체 반응(수소결합, 이온, 포졸란반응)	흙의 특성을 살린 강한 결합. 강도가 높고, 물에 강함	강력한 결합으로 인해 흙이 주는 부드러운 질감이 다소 감소
	시멘트의 수화반응 (cementation)	초기 강도가 높고 저렴	흙의 고유특성 상실, 장기 강도 저하 우려
	합성수지의 경화 (imperviousness)	균열 없고 표면상태 일정	흙의 고유특성 상실, VOCs 등 유해물질 방출 우려, 자외선열화 현상
	고온소성에 의한 용융 고착(fusing)	강도가 높고, 제조 시 흙만을 이용	흙의 고유 특성 상실, 많은 에너지 소모

흙재료 실험법

자연의 건축 재료인 흙

흙건축 현장에 가보면 여러 시공방법 중 가장 많이 발생하는 흙의 균열문제, 강도 저하 등의 문제로 인해 추가적인 인력과 비용 부담이 발생하는 경우가 많으며 그로 인해서 발생되는 흙건축의 바람직하지 않은 모습들에 아쉬움이 남는 경우가 많다. 이러한 문제점을 해결하기 위해서는 먼저 흙이 갖고 있는 본질적인 문제를 분석하는 방법과 각 공법에 적합한 흙을 사용하기 위한 실험법을 숙지해야 한다. 본 장에서는 흙을 이용하여 건축을 처음 시작하는 학생들뿐만 아니라 실무에 종사하는 전문가들이 반드시 알아야 할 기본 실험법에 대해서 간단히 정리하였으며, 본 실험을 통해서 흙을 분석하는데 보다 체계적이면서 객관화시킬 수 있기를 바란다.

본 장은 흙건축을 할 때 필요한 가장 대표적인 흙의 분석 방법을
1. 흙의 입도분석
2. 함수율 측정
3. 최밀충전 실험
4. 균열실험
5. 다짐(프록터) 실험
으로 구분하여 설명하였다.

참고로 본 실험법을 기술함에 있어서 한국산업규격을 기준으로 하였으며 누락된 내용들은 프랑스 **CRATerre**의 실험 규정을 참고하였다.

흙 분석 흐름도

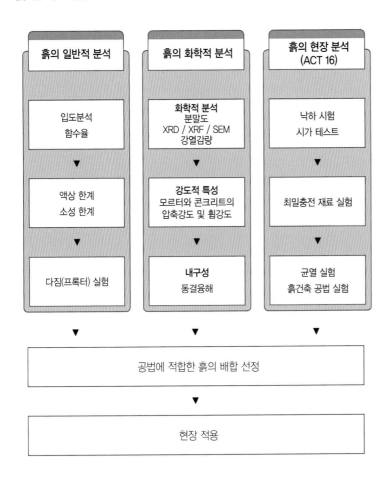

흙의 일반적 분석	흙의 화학적 분석	흙의 현장 분석 (ACT 16)
입도분석 함수율	**화학적 분석** 분말도 XRD / XRF / SEM 강열감량	낙하 시험 시가 테스트
▼	▼	▼
액상 한계 소성 한계	**강도적 특성** 모르터와 콘크리트의 압축강도 및 휨강도	최밀충전 재료 실험
▼	▼	▼
다짐(프록터) 실험	**내구성** 동결융해	균열 실험 흙건축 공법 실험

공법에 적합한 흙의 배합 선정

현장 적용

시료의 채취방법(4분법)

흙 실험 시 흙 시료를 필요량만큼 덜어낼 때에는 원칙적으로 4분법이나 시료 분취기를 사용한다.

시료의 채취방법(4분법)

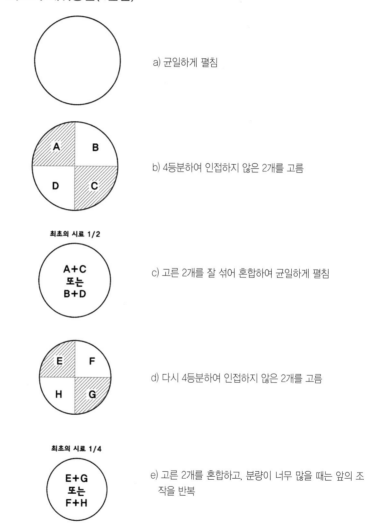

a) 균일하게 펼침

b) 4등분하여 인접하지 않은 2개를 고름

최초의 시료 1/2

A+C
또는
B+D

c) 고른 2개를 잘 섞어 혼합하여 균일하게 펼침

d) 다시 4등분하여 인접하지 않은 2개를 고름

최초의 시료 1/4

E+G
또는
F+H

e) 고른 2개를 혼합하고, 분량이 너무 많을 때는 앞의 조작을 반복

입도분석

흙을 건축 재료로 사용하는 구조물에서는 흙의 공학적인 성질을 파악하는 데 있어 흙입자의 크기와 입도 분포는 대단히 중요한 자료로 사용된다. 따라서 흙의 입도분포를 결정하는 것은 모든 흙 시험의 기초이다.

흙의 사용 목적에 맞는 흙의 배합 및 입도를 알아보기 위하여 현장에서 채취한 흙의 입도분석 방법에 대해 규정

사용 기구

a) 체가름용 표준체

b) 체가름 시험기

c) 저울

분석 방법

1) 체가름법

체분석은 시험용 체에 의한 입도 시험으로 75μm 체에 잔류한 흙 입자에 대하여 적용한다.

구분	분류	실험 방법	기타
1단계	시료건조	110±5℃의 건조로에 일정 질량이 될 때까지 건조(24시간 건조)	함수비 측정 가능
2단계	체가름	건조된 흙 500g을 이용하여 체가름을 실시하며 정확한 체가름을 위해서 물을 뿌리면서 실행 (체 : 0.074, 0.15, 0.3, 0.6, 1.2, 2.5, 5mm)	
		• 분산제 사용 : 헥사메타인산나트륨, 인산나트륨, 트리폴리인산나트륨의 포화 용액 • 포화 용액으로서 헥사메타인산나트륨 약 20g을 20℃의 증류수 100ml 중에 충분히 녹이고 결정의 일부가 용기 바닥에 남아 있는 상태의 용액을 사용	
3단계	측정	각 체에 남아 있는 흙의 무게를 측정하여 아래의 표에 기입	

2) 레이저입도분석기 이용(측정범위 : 0.05~900㎛)

3) 침강 측정(측정범위 : 0.05~900㎛)

구분	분류	실험 방법	기타
1단계	실험준비	• 시료의 전량을 메스실린더에 옮기고 증류수를 첨가하여 전체를 1L가 되게 한다. • 측정 실내의 온도와 메스실린더의 내용물 온도가 일치하게 한다.	
2단계	실험	메스실린더에 덮개를 하고 1분 간 계속하여 메스실린더의 내용물이 균일한 현탁액이 되도록 한 후 재빨리 메스실린더를 가만히 놓는다. 그때 내용물을 조금이라도 잃지 않도록 한다.	
3단계	측정	소정의 경과 시간마다 메스실린더 내의 비중계를 띄우고 그 눈금의 소수 부분의 눈금 r을 메니스커스 위 끝에서 0.0005까지 읽고, 또한 동시에 현탁액의 온도 T(℃)를 읽는다. r의 눈금과 경과 시간 t(min)는 메스실린더를 그대로 둔 후 1분, 2분, 5분, 15분, 50분, 60분, 240분 및 1440분으로 한다.	

체가름 분석(KS F 2302)				
시험일자	201 년 월 일 요일 날씨			
시험시 환경	실온(℃)		습도(%)	
시 료 명	채취 장소	채취 날짜		채취자

체번호	체눈금 (mm)	잔류량		잔류량 누계		통과량		비고
		(g)	(%)	(g)	(%)	(g)	(%)	
	20							
	10							
4	5							
10	2.5							
20	1.25							
40	0.6							
60	0.3							
100	0.15							
200	0.074							
Pan								
Total								

체가름 곡선

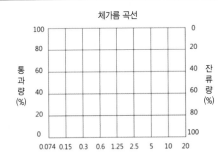

시험 결과 고찰

실험자	소속		성명	서명
확 인	201 년 월 일		성명	서명

참고표

흙다짐에 적합한 입도 분포

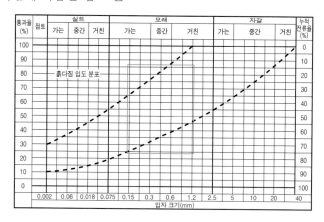

흙벽돌에 적합한 입도 분포

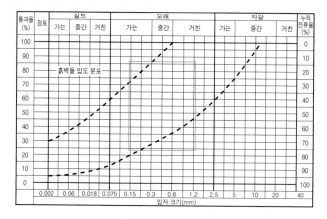

흙미장에 적합한 입도 분포

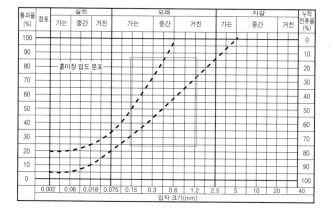

함수율 측정

흙의 함수비를 구하는 시험 방법에 대하여 규정한다.

사용 기구

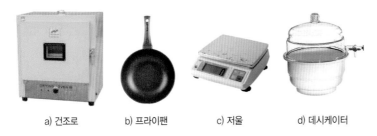

a) 건조로   b) 프라이팬   c) 저울   d) 데시케이터

분석 방법

구분	분류	실험 방법	기타
1단계	실험준비	• 용기의 질량 m_c(g)를 단다. • 시료를 용기에 넣고 전 질량 m_a(g)를 단다. • 시료를 용기별로 항온 건조로에 넣고 110±5℃에서 일정 질량이 될 때까지 노 건조한다.	프라이팬을 이용하여 건조할 수 있다.
2단계	측정	노 건조 시료를 용기별로 데시케이터에 옮기고, 거의 실온이 될 때까지 식힌 후 전 질량 m_b(g)을 단다.	
3단계	결과 산출	함수비 측정은 아래와 같다. $$w = \frac{m_a - m_b}{m_b - m_c} \times 100$$ 여기서 w : 함수비(%) m_a : 시료와 용기의 질량(g) m_b : 노 건조 시료와 용기의 질량(g) m_c : 용기의 질량(g)	

Data sheet

함수비(ω)			
시험 번호	#1	#2	#3
용기 번호			
(습윤 시료 + 용기)의 무게(W_t g)			
(건조 시료 + 용기)의 무게(W_d g)			
용기의 무게(W_c g)			
건조 시료의 무게(W_s g)			
물의 무게($W_\omega = W_t - W_d$ g)			
함수비($\omega = (W_\omega / W_s) \times 100$ %)			
평균 함수비(ω)			

흙의 액성 한계 · 소성 한계

흙의 액성 한계, 소성 한계 및 소성지수를 구하는 시험 방법에 대하여 규정한다.

사용 기구

액성 한계 측정기구

소성 한계 측정기구

분석 방법

구분	분류	실험 방법	기타
1단계	실험준비	자연함수비의 약 40% 정도로 공기 건조한 No.40 체 통과시료를 액성 한계 시험용으로는 약 200g, 소성 한계 시험용으로는 약 30g 정도 준비한다.	
2단계	액성 한계 시험	a) 시료에 증류수를 가하여 잘 혼합한다. 처음에는 반죽이 너무 무르면 안 되므로 예상 액성 한계보다 작은 함수비로 혼합한다. 혼합한 시료는 젖은 헝겊으로 덮어서 일정한 시간(30분) 이상 방치하여 시료 내의 함수비가 평형이 되도록 한다. b) 황동접시와 고무대 사이를 정확히 1cm가 되도록 잘 조절한다. c) 반죽한 흙을 황동 접시에 담아 최대 두께가 약 1cm 되도록 스페출라로 잘 고른다. d) 접시의 대칭축을 따라 홈파기 날을 수직으로 세워 홈을 파서 접시 속의 흙을 양쪽으로 가른다. 이때 여러 번에 걸쳐서 홈을 파면 흙이 다져지거나 흐트러질 염려가 있으므로 한번에 파야 한다. 만약 시료가 양분되지 않으면 시험을 중단하고 NP(Non-plastic, 비소성)라고 기록한다. 홈파기 날은 두 가지 종류가 있으나 시료에 따라 적당한 것을 사용한다. 보통 황동접시를 분리하여 시험사면을 조성한 후에 결합하지만 시료가 연약한 경우에는 황동접시를 결합한 상태로 홈파기를 한다. e) 액성 한계 측정기의 손잡이를 1초 동안에 2회의 속도로 일정하게 회전시켜 흙을 담은 접시를 판에 낙하시킨다.	

구분	분류	실험 방법	기타
2단계	액성 한계 시험	f) 양쪽으로 갈라진 흙, 즉 양쪽의 인공사면이 중앙 부분에서 약 1.5 cm 정도 합류하면 시험을 중단하고 낙하횟수를 기록한다. 이때 1.5cm 길이를 판정하기 위하여 미리 종이 등으로 1.5cm 길이의 물건을 만들어 사용하면 편리하다. g) 양쪽 흙이 합쳐진 부분에서 흙을 따내서 함수비를 구한다. h) 낙하횟수 10~25회의 것 2개, 25~35회의 것 2개가 얻어지도록 시료에 증류수를 가하여 함수비를 조절하여 a)~g)의 조작을 반복한다. 황동접시는 시료를 담기 전에 항상 마른 걸레로 잘 닦아서 사용해야 한다. 통상적으로 함수비가 적은 상태에서 함수량을 증가시키면서 충분히 반죽하여 시험한다. 반대로 함수비가 큰 상태에서 시작하여 시료를 말려가면서 시험하는 경우에는 시료가 표면에서만 마른 상태일 수 있으므로 특별히 반죽을 잘 해야 한다. i) 결과를 정리하고 계산한다.	
3단계	소성 한계 시험	a) 반죽한 시료 덩어리를 유리판에 놓고 손바닥으로 굴리면서 끈 모양으로 하고, 끈의 굵기를 지름 3mm의 둥근 봉에 맞춘다. 이 흙끈이 지름 3mm가 되었을 때 다시 덩어리로 만들고 이 조작을 반복한다. b) 상기의 조작에서 흙에 끈이 지름 3mm가 된 단계에서 끈이 끊어졌을 때 그 조각조각 난 부분의 흙을 모아서 재빨리 함수비를 구한다.	

다짐(프록터) 실험

흙의 건조 밀도−함수비 곡선, 최대 건조밀도 및 최적 함수비를 구하기 위한 방법으로서 램머에 의한 흙의 다짐 시험 방법에 대하여 규정한다.

사용 기구

a) 다짐기구   b) 몰드   c) 시료추출기   d) 저울

다짐 방법

다짐 방법	Rammer 무게(Kgf)	Mold 내경 (cm)	다짐층수	1회당 다짐 횟수	허용 최대입경 (mm)
A	2.5	10	3	25	19
B	2.5	15	3	55	37.5

실험 방법

구분	분류	실험 방법					기타
		구분	사용 방법	몰드의 지름(cm)	최대입자 지름(mm)	최소 필요량	
1단계	실험 준비	a	건조법으로 반복법	10	19	5kg	건조법으로 시료를 급히 건조시키는 경우는 항온 건조로를 사용하여도 좋다. 그 때 건조 온도는 50℃ 이하
				15	19	8kg	
				15	37.5	15kg	
		b	건조법으로 비반복법	10	19	4kg씩	
				15	37.5	7kg씩	
		c	습윤법으로 비반복법	10	19	4kg씩	
				15	37.5	7kg씩	

구분	분류	실험 방법	기타
2단계	다짐 실험	b방법에 의거하여 a) 건조법에 의한 경우는 건조 처리 후에 체를 통과한 시료의 함수비 w₁(%)를 구한다. b) 몰드와 밑판의 질량 m₁(g)을 측정한다. c) 완전히 건조시킨 후 5mm체에 통과시킨 시료를 각각 2.5kg씩 준비하여 5%, 7%, 9%, 11%, 13% 등의 함수비가 되도록 증류수를 가하여 충분히 고르게 혼합한다. d) 다진 층의 두께가 몰드 깊이의 약 1/30이 되도록 몰드 속에 흙을 적당히 넣는다. (약 1/2 정도) e) 흙이 골고루 다져지도록 램머를 몰드 둘레를 따라 다지고 중앙 부분도 다져야 한다. f) 단 10mm를 넘어서는 안 되며 램머의 끝에 흙이 묻으면 반드시 털어낸다. 마지막 층을 다질 때에는 칼라를 붙여 흙을 넣어 다지되 다진 후에는 흙의 표면이 몰드의 가장자리 위로 약간 올라와야 한다. g) 다짐이 끝나면 칼라를 빼내고, 몰드 상부의 여분의 흙을 곧은 날로 깎아 내고 평면으로 다듬질한다. 자갈 등을 제거함으로써 표면에 생긴 구멍은 입자지름이 작은 흙으로 메운다.	
3단계	함수비 측정	h) 몰드와 밑판의 외부에 묻은 흙을 잘 닦아내고 전체의 질량(흙+몰드+밑판) m₂(g)을 측정한다. i) 시료 추출기(Jack)를 사용하여 다진 시료를 몰드에서 꺼낸 후 함수비 w(%)를 구한다. 함수비 측정용 시료는 측정개수가 1개인 경우에는 다진 흙의 중심부에서, 2개인 경우에는 상부 빛 하부에서 채취한다. j) 반복법 및 비반복법 중 어느 경우나 예상되는 최적함수비를 포함하여 6~8종류의 함수비로 e)~i)의 조작을 반복한다. 반복법에 의할 때는 다진 후의 함수비 측정용 시료를 채취한 후의 시료를 다지기 전의 최초 상태가 될 때까지 잘게 부순 후. 나머지 시료와 함께 소요량의 물을 가하여 함수비가 균일하게 되도록 혼합한다. k) 결과를 정리하고 다짐곡선을 그린다.	

구분	분류	실험 방법	기타
4단계	계산	a) 다진 흙의 습윤밀도(g/cm^3) $$\rho_t = \frac{m_2 - m_1}{V} \times 100$$ 여기에서 ρ_t : 흙의 습윤 단위 중량(g/cm^3) m_2 : 다진 후의 전체 중량(g) m_1 : 몰드와 밑판의 중량(g) V : 몰드의 용량(cm^3) ; 10cm 몰드 V=1,000cm^3, 15cm 몰드 V=2,209cm^3 b) 다진 흙의 건조밀도(g/cm^3) $$\rho_d = \frac{\rho_t}{1 + \dfrac{\omega}{100}} \times 100$$ 여기에서 ρ_d : 흙의 건조 단위 중량(g/cm^3) ω : 함수비(%)	

흙의 다짐 시험

체가름 분석(KS F 2302)			
시험일자	201 년 월 일 요일 날씨		
시험시 환경	실온(℃)		습도(%)
시 료 명	채취 장소	채취 날짜	채취자

시험번호	1	2	3
건조단위중량			
함수비			

시험 결과 고찰

실험자	소속		성명	서명
확 인	201 년 월 일		성명	서명

최적 함수비 표

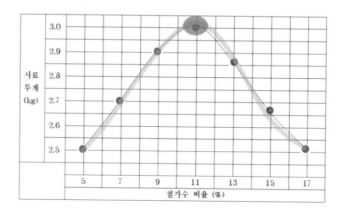

    동일한 에너지로 다짐을 하여도 함수비에 따라 다져진 흙의 건조단위중량은 동일하지 않다. 건조 밀도를 세로축에, 함수비를 가로축에 잡고 측정값을 기입하여, 이들을 매끄러운 곡선으로 연결하여 건조 밀도-함수비 곡선으로 한다.

    이 곡선의 건조 밀도 최대값을 최대 건조 밀도 ρmax(g/cm³), 그것에 대응하는 함수비를 최적 함수비 wopt(%)로 한다.

    주어진 에너지로 흙을 다질 때 함수비를 증가시키면 건조단위중량은 증가하나, 어느 일정한 함수비에 이르면 건조단위중량은 최대가 되고 그 이상 함수비가 증가하면 오히려 건조단위중량은 감소한다.

    최대건조단위중량이 나타나는 함수비를 최적함수비(Optimum Moisture Content, OMC)라 하고, 이때 입자 간 이온작용에 의한 전기력과 입자 간 인력이 최대가 되면서 결합이 가장 강력하게 되어 흙이 가장 잘 다져진다.

기타 관련 규정

1) 흙의 일반적 분석

KSF2103 : 흙의 PH 값 측정 방법

KSF2301 : 흙의 입도 시험 및 물리 시험용 시료 조제 방법

KSF2302 : 흙의 입도 시험 방법

KSF2303 : 흙의 액성 한계 · 소성 한계 시험 방법

KSF2306 : 흙의 함수비 시험 방법

KSF2308 : 흙의 밀도 시험 방법

KSF2311 : 모래 치환법에 의한 흙의 밀도 시험 방법

KSF2312 : 흙의 다짐 시험 방법

KSF2324 : 흙의 공학적 분류 방법

KSF2341 : 흙의 입도 및 물리적 성질 시험용 젖은 시료 조제 방법

KSF2501 : 골재의 시료 채취 방법

KSF2502 : 굵은 골재 및 잔골재의 체가름 시험 방법

KSF2503 : 굵은 골재의 밀도 및 흡수율 시험 방법

KSF2504 : 잔골재의 밀도 및 흡수율 시험 방법

KSF2505 : 골재의 단위용적질량 및 실적률 시험 방법

KSF2508 : 로스앤젤레스 시험기에 의한 굵은 골재의 마모 시험 방법

KSF2509 : 잔골재의 표면수 측정 방법

KSF2511 : 골재에 포함된 잔입자 (0.08mm체를 통과하는) 시험 방법

KSF2512 : 골재 중에 함유되어 있는 점토 덩어리량의 시험 방법

KSF2384 : 다져지지 않은 잔골재의 공극률 시험 방법

KSF2430 : 관능검사에 의한 흙의 분류 방법

2) 흙의 공학적 분석

KSL5109 : 수경성 시멘트 반죽 및 모르타르의 기계적 혼합 방법

KSL5110 : 시멘트의 비중 시험 방법

KSL5120 : 포틀랜드 시멘트의 화학 분석 방법

KSL5121 : 포틀랜드 시멘트의 수화열 시험 방법

KSL9007 : 미장용 소석회

KSLISO679 : 시멘트의 강도 시험 방법

KSLISO9597 : 시멘트의 응결 및 안정성 시험 방법

KSF2401 : 굳지 않은 콘크리트의 시료 채취 방법

KSF2402 : 콘크리트의 슬럼프 시험 방법

KSF2403 : 콘크리트의 강도 시험용 공시체 제작 방법

KSF2405 : 콘크리트의 압축 강도 시험 방법

KSF2408 : 콘크리트의 휨강도 시험 방법

KSF2409 : 굳지 않은 콘크리트의 단위용적 질량 및 공기량 시험 방법(질량 방법)

KSF2411 : 굳지 않은 콘크리트의 씻기 분석 시험 방법

KSF2414 : 콘크리트의 블리딩 시험 방법

KSF2550 : 골재의 함수율 및 표면수율 시험 방법

ACT 16

최근 우리나라에는 '친환경 건축'과 '생태 건축'에 대한 관심이 높아지면서 웰빙과 전원주택 붐이 일어나 자신의 집을 직접 흙으로 지어보려는 시도들이 증가하면서 흙집을 배우려는 사람들의 수요도 함께 증가하고 있다.

현재 흙건축을 배우려는 수요가 많아짐에 따라 On-line, Off-line상으로 다양한 흙건축 교육이 진행되고 있다. 그러나 일반적으로 진행되고 있는 흙건축 교육은 '집을 짓기 위한 기술'을 보급하는 정도밖에 되지 않는다. 흙을 배우기 위해서는 단순히 집을 짓는 기술만을 익히는 것이 중요한 게 아니라 건축 재료로서 흙이라는 재료가 가지는 물성에 대한 교육이 중요하다.

현장 실험법 중심으로 구성된
ACT 16 프로그램

ACT 16은 비전공자들에게 집을 짓기 위한 기술뿐만 흙집을 짓는 현장에서 직접 흙의 입도와 공법에 따라 달라지는 물의 양을 맞출 수 있는 현장실험법을 중심으로 구성된 교육 프로그램이다. 이 교육 프로그램은 기본적으로 현장에서 흙의 입도를 이해하여 이에 맞는 최적 배합을 찾을 수 있는 최밀충전실험과 흙건축 5대 공법을 중심으로 각 공법에 따라 달라지는 물의 양과 시공법을 이해할 수 있는 ACT 16(흙건축 5대 공법 실험)으로 구성되어 있다.

최밀충전실험과 흙건축 5대 공법 실험을 통해 흙의 재료적 특성과 흙건축 공법을 이해하고 표현할 수 있으며, 더불어 흙집을 짓게 될 때 실질적으로 필요한 균열 방지법, 강도 발현 방법, 물에 대한 저항성을 높이는 방법을 함께 교육함으로 비전공자의 현장 적용 능력을 증진시킬 수 있는 실질적인 교육 프로그램이다.

본 장은 흙의 재료적인 특성과 흙건축 5대 공법을 이해할 수 있는 교육 프로그램으로

1. 낙하테스트, 시가테스트
2. 최밀충전실험
3. ACT 16(흙건축 5대 공법 실험)

으로 구성하였다.

낙하테스트 · 시가테스트

흙을 이용하여 집을 짓기 위하여 가장 먼저 해야 할 일은 사용할 공법에 맞는 흙을 찾고 분석하는 일이다.

낙하테스트는 건축 재료로 사용되는 흙의 최적 수분함유량과 흙의 기본적인 성질을 알기 위한 실험이고, 시가테스트는 흙의 성질을 좌우하는 입도와 함수율을 함께 측정할 수 있는 방법으로, 간단하지만 나름대로 신뢰성 있는 분석 방법이다.

실험 내용
낙하테스트

1. 주먹 안에 한 움큼의 흙을 볼 형태로 단단하게 압축시킨다.

2. 볼 형태의 흙을 높이 약 1.5m(어깨높이) 높이에서 단단하고 평평한 바닥 위로 떨어뜨린다.

3. 떨어뜨린 흙의 모습을 확인하여 사용된 흙의 적정 함수량을 확인한다.

(각 공법별 적정 함수량은 ACT 16 참조)

시가테스트

1. 흙을 반죽하여 시가담배 모양으로 지름 3~4cm, 길이 15cm 정도로 만든 후 손바닥에 올린다.

2. 손바닥 위의 흙을 손 끝으로 밀어 아래로 흙이 부러지는 길이를 측정한다.

3. 부러진 길이에 따라 사용된 흙의 적정함수량을 확인한다.

(지름 : 길이＝2 : 1 정도가 적절)

최밀충전 재료 실험

흙과 모래를 이용하여 무게를 측정하여 최밀 충전을 찾아 흙의 재료적 특성을 이해하는 실험이다.

비율별로 흙과 모래를 배합하여 무게를 측정한 후 흙과 모래의 적정 비율을 찾는다.

흙을 배합할 때 흙의 입자 간 간격을 최소화하여 입자 간 인력을 최대화 하는 최밀충전실험을 진행하여 흙건축의 재료적인 특성을 이해해야 한다.

실험 시트지

최밀충전실험				
실험 일자	201 년 월 일 요일 날씨			
실험 환경	실온(℃)		습도(%)	
	℃		%	
실험 장소				
실험 조				

흙 + 모래	무게			평균
4 + 1 (흙 4컵, 모래 1컵)	g	g	g	g
4 + 2 (흙 4컵, 모래 2컵)	g	g	g	g
4 + 3 (흙 4컵, 모래 3컵)	g	g	g	g
4 + 4 (흙 4컵, 모래 4컵)	g	g	g	g
4 + 5 (흙 4컵, 모래 5컵)	g	g	g	g
4 + 6 (흙 4컵, 모래 6컵)	g	g	g	g
작성자				

실험 순서

❶ 고운 흙을 통 안에 채움

❷ 윗면을 평평하게 정리함

❸ 모래도 흙과 같이 준비함

❹ '흙+모래'를 흔들어 섞음

실험을 할 때 햇빛에 완전히 말려 사용하고, 큰 덩어리는 체에 걸러 사용하거나 덩어리를 잘게 부숴 사용하는 것이 좋다.

❺ 통 안에 배합된 흙을
  채움
❻ 무게를 측정
❼ 실험 시트지를 준비
❽ 실험 시트지 작성

실험 분석(예)

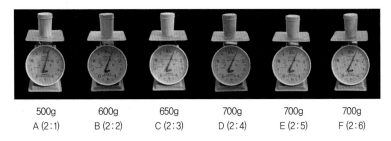

500g	600g	650g	700g	700g	700g
A (2:1)	B (2:2)	C (2:3)	D (2:4)	E (2:5)	F (2:6)

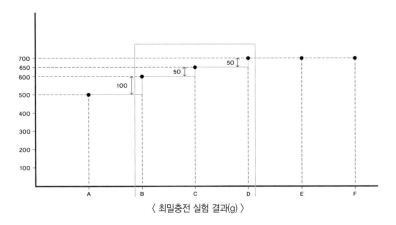

〈 최밀충전 실험 결과(g) 〉

- 실험 시트지를 통해 무게 증가량이 비슷해지는 구간을 찾아 그 구간 내외에서 선택하여 사용한다.
- 위 실험의 경우 전체 무게 증가량이 B-D 구간에서 비슷해지므로 이 구간 내외의 적정 비율을 선택하여 사용한다.
- 하지만 흙은 채취하는 장소에 따라 흙을 구성하는 입도가 다르다는 특징이 있기 때문에 최밀충전 실험을 적용하여 채취 장소에 맞는 최적 배합비를 찾아야 한다.
- 이후 진행되는 흙건축 5대 공법 실험에 최밀충전실험 결과를 적용한다.

ACT 16(흙건축 공법 실험)

흙건축 5대 공법인 흙다짐, 흙쌓기, 흙벽돌, 흙미장, 흙타설 공법을 통해 흙건축 공법을 이해해 보도록 하자. 이것은 현장에서 필요한 강도, 균열 방지, 물에 대한 저항성을 이해하는 실질적인 교육이다.

최밀충전 실험을 통해 흙건축의 재료적인 특성을 이해하고 이를 흙건축 5대 공법 실험에 적용시켜 보면 흙건축의 재료와 공법을 모두 이해하고 표현할 수 있다.

흙집을 짓게 될 때 실질적으로 필요한 균열 방지법(흙미장 공법 실험), 강도 발현 방법(흙다짐공법 실험), 물에 대한 저항성(흙타설 공법 실험), 시공성을 높이는 방법(흙벽돌, 흙쌓기 공법 실험)을 교육함으로써 비전공자의 현장 적용 능력을 증진시킬 수 있다.

흙다짐 공법

흙을 배합한 후 사각틀 안에 다짐봉을 사용하여 배합된 흙을 사각틀 안에 다져 넣는 실험이다. 이때 흙의 상태는 습윤상태로 만들어 진행한다. 보강재 첨가 유무에 따라 달라지는 강도의 차이를 확인할 수 있는 실험도 함께 진행한다.

실험 순서

❶ 흙다짐 공법 실험은 다짐틀 안에 흙을 채워 넣고 다짐봉을 이용하여 다진다.

❷ 흙다짐 공법 실험은 재래식 흙다짐과 중간에 메쉬를 한 장 첨가하여 다짐, 두 개의 샘플을 제작한다.

❸ 흙을 채워 넣을 때는 3분의 1 정도 넣은 후 다짐을 여러 번 반복하여 채운다.

실험 특징

흙다짐 공법을 시공할 때 다지면서 매시를 첨가하면 흙과 흙 사이에 접착력을 높여주고, 하중을 고르게 받을 수 있도록 힘을 분산시켜주기 때문에 강도가 메쉬를 넣지 않았을 때보다 높아짐을 확인할 수 있다.

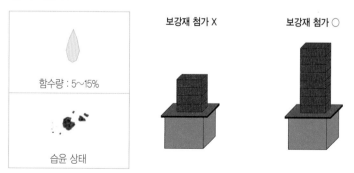

흙쌓기 공법

사각틀이나 다른 도구 없이 손으로 흙을 쌓아가는 실험이다. 흙의 상태는 소성 상태로 만들어 진행하고, 흙쌓기 공법의 시공성을 보완한 EP공법 실험도 함께 진행한다.

흙쌓기 공법의 시공법을 이해하는 실험

실험 순서

❶ 흙쌓기 공법 실험은 특별한 도구 없이 손을 이용하여 흙을 쌓는다.

❷ 흙쌓기 공법 실험은 흙을 쌓는 방법과 계란판으로 보강한 EP공법, 두 개의 샘플을 제작한다.

❸ EP공법 실험은 흙을 7~8cm 깔고, 그 위에 계란판을 얹은 후 다시 흙을 7~8cm 정도 쌓아 준다.

계란판 위에 흙을 쌓을 때는 계란판 사이사이 흙이 잘 채워질 수 있도록 던져서 채우는 것이 좋다.

실험 방법

샘플 1 – 보강재 첨가 X

샘플 2 – 보강재 첨가 ○

실험 특징

흙쌓기 공법 실험을 적용한 결과 흙쌓기 공법의 시공법을 이해하고, 공법에 필요한 물의 양을 확인한다.

흙쌓기 공법은 물이 많이 들어가면 흙을 덩어리로 만들어 쌓을 때 옆으로 퍼져 쌓아올리지 못하고 너무 적으면 흙을 덩어리로 뭉칠 수 없기 때문에 흙쌓기 공법을 시공할 때 필요한 물의 양을 정확히 해야 한다. 그리고 틀 없이 흙을 쌓아 올리기 때문에 시공 시 벽체를 반듯이 쌓기에 어려움이 있으므로 이를 보완하는 방법으로 계란판을 이용하여 벽체를 쌓아 올리는 EP공법을 교육한다.

함수량 : 10~20%

소성 상태

보강재 첨가 X

어려움

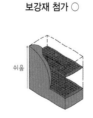
보강재 첨가 ○

쉬움

흙벽돌 실험

사각틀을 사용하여 흙벽돌을 제작하는 실험이다.

흙의 상태는 소성 상태로 만들어 진행하고, 흙벽돌의 시공성을
보완한 MJ공법 실험도 함께 진행한다.

실험 순서

❶ 흙벽돌 공법은 틀 안에 특별한 도구 없이 손을 이용하여 흙을
채운다.

❷ 흙벽돌 공법 실험은 흙벽돌과 양파망으로 보강한 MJ공법, 두
개의 샘플을 제작한다.

❸ MJ공법은 틀 안에 양파망을 두고 양파망 안에 흙을 채워 벽돌
을 만드는 공법으로, 흙을 채울 때는 던져서 틀 모서리 부분이
잘 채워지도록 한다.

❹ 양파망 안에 흙을 다 채운 후에는 손을 이용하여 흙이 배어나와
양파망이 보이지 않도록 문질러준다.

| 실험 방법 | 샘플 1 – 양파망 사용 X | 샘플 2 – 양파망 사용 ○ (MJ공법) |

실험 특징

흙벽돌 공법 실험을 적용한 결과 흙벽돌 공법의 시공법을 이해
하고, 이 공법에 필요한 물의 양을 확인한다. 흙벽돌 공법은 물이
많이 들어가면 사각틀을 해체했을 때 옆으로 퍼져 성형이 되지 않
고, 물이 적게 들어가면 사각틀을 해체했을 때 형태가 유지되지 않
고 부서진다.

석회를 첨가하면 물에 대한 저항성을 높일 수 있음을 확인한다.

MJ공법으로 흙벽돌 공법의 단점을 보완하여 말리지 않고 바로
시공할 수 있는 공법을 확인한다.

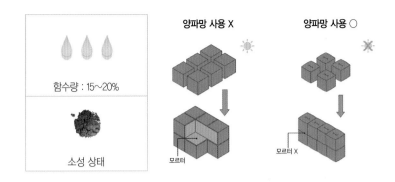

함수량 : 15~20%

소성 상태

양파망 사용 X

양파망 사용 ○

모르터

모르터 X

흙미장 실험

흙미장 공법 실험은 미장판을 이용하여 흙미장을 하는 실험이
다. 흙의 상태는 액상 상태로 진행하고, 비전공자가 흙미장 공법을
시공할 때 균열이 발생하는 경우가 많기 때문에 균열을 방지하는
방법도 함께 진행한다.

실험 순서

❶ 흙미장 공법 실험은 흙을 미장판 높이만큼 흙손을 이용하여 채
운다.

❷ 흙미장 공법 실험은 입도를 맞추지 않은 흙과 입도를 맞춘 흙을
이용하여, 두 개의 샘플을 제작한다.

❸ 흙미장판 위에 메쉬를 부착한다.(부착할 때는 타카를 이용하여
메시가 뜨는 부분이 없도록 꼼꼼히 부착한다.)

❹ 흙미장을 하기 전 흙이 붙을 부분에 물을 충분히 축인다.

❺ 물을 축인 후 흙을 미장판 두께만큼 채운 후 최종 면을 깔끔하
게 마무리한다.

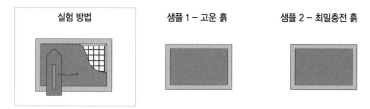

| 실험 방법 | 샘플 1 – 고운 흙 | 샘플 2 – 최밀충전 흙 |

실험 특징

흙미장 공법 실험은 2가지 시료를 사용하여 진행하였고, 양생
전 두 시료의 모습은 크게 다르지 않았다.

3일 정도 양생을 한 후에는 최밀충전이 된 흙은 균열이 발생하
지 않았지만, 고운 흙은 미장판 전체에 금이 가고 갈라지는 등 균
열이 많이 발생하는 것을 확인하였다.

이 실험을 통해 비전공자들도 균열없이 흙미장 공법을 적용할
수 있다.

함수량 : 25~35%

액상 상태

고운 흙

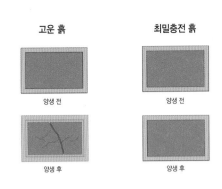

양생 전

양생 후

최밀충전 흙

양생 전

양생 후

흙타설 실험

흙타설 공법 실험은 틀 안에 배합된 흙을 부어 넣어 타설하는 실험이다. 흙의 상태는 액상 상태로 진행하고, 물에 대한 흙의 저항성을 확인하는 실험도 함께 진행한다.

실험 순서

❶ 흙타설 공법은 틀 안에 흙을 부어 넣어 채운다.

❷ 흙타설 공법 실험은 석회를 첨가하지 않은 샘플과 석회를 첨가한 샘플, 두 개의 샘플을 제작한다.

실험 특징

고강도의 흙재료를 이용하여 시멘트 콘크리트처럼 이용할 수 있도록 만든 공법으로 시멘트 콘크리트와 같은 방식으로 거푸집에 흙을 부어 넣어 타설하는 방법으로 황토콘크리트라고도 한다.

흙은 물에 약한 재료이기 때문에 물에 대한 저항성을 높이는 방법으로 석회를 사용한다.

석회를 첨가하지 않은 샘플과 석회를 첨가한 샘플을 3일 간 양생시킨 후 물속에 넣어보면 석회를 첨가하지 않은 샘플은 물에 바로 풀리지만, 석회를 첨가한 샘플은 물에 풀리지 않음을 확인할 수 있다.

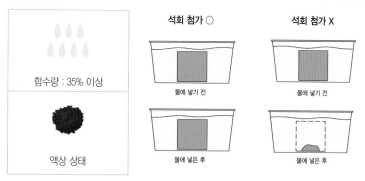

흙집 지어보기

단계별로 내 맘에 드는 흙집 제대로 짓기

건축 신고

자연의 건축 재료인 흙

집을 짓고자 할 때는 땅이 있어야 하는데 주거지로 선택하는 땅은 지리(地理)를 가장 먼저 고려해야 하고, 그 다음은 생리(生理), 그 다음에는 인심(人心)을, 그 다음에는 산수(山水)를 고려해야 한다고 한다. 이 네 가지 중에서 하나라도 결핍이 되면 살기 좋은 곳이 아니다. 지리적 조건이 훌륭하다 하더라도 생리적 조건이 결핍되면 오래 거주할 수 없고, 생리의 조건이 좋다고 하더라도 지리적 조건이 나쁘면 오래 거주할 수가 없다. 지리적 조건과 생리적 조건이 모두 좋다고 해도 인심이 좋지 않으면 반드시 후회하게 된다. 또 주거지 근처에 감상하기 좋은 산수가 없다고 한다면 성정(性情)을 도야할 길이 없을 것이다.

– 『팔역가거지』

이처럼 주택지의 땅은 예전부터 매우 중요하게 여겨왔다.

그리고 집을 짓고자 하는 땅에 건축 허가를 받을 수 있는지에 대한 가능 여부를 판단하여야 하며 그것을 위해서는 기초 서류의 검토가 필요하다.

주택을 짓고자 하는 대지는 도로에 접해 있어야 한다는 것이다. 대지가 도로에 접하지 않는다는 것은 맹지이고 맹지에는 집을 지을 수가 없다. 그리고 도로가 있다 하더라도 사유지인 도로는 도로 사용 승낙서를 받아야 건축 행위를 할 수 있다. 이러한 상황들이 잘 이해되지 않을 때에는 설계사무소에 찾아가서 자문을 구하는 것이 좋다.

요즘 모든 서류는 인터넷 발급이 가능하다.
토지이용확인원 : http://luris.molit.go.kr/(토지이용규제서비스)
토지·건물등기 : http://www.iros.go.kr/(대법원인터넷등기소)

필요한 기초 서류는 토지이용계획확인원, 지적도, 토지대장 등이 있다. 해당 시·군·구청에서 발급받을 수 있다. 또 소유권 확인을 위해 법원에서 토지 등기부 등본도 발급받아야 한다. 땅에 기존 건축물이 있어 적합하게 건축 허가를 받은 건축물인지도 확인하려면 건축물대장을 검토하여야 한다. 이러한 서류들은 전국 어디에서나 팩스 또는 전자정보시스템(G4C)을 통하여 저렴한 비용으로 발급받을 수 있다.

땅이 선정되면 건축사를 선정하여 설계 의뢰를 한다. 대부분의 사람들은 집을 지을 때 설계를 경시하는 경향이 있다. 대부분의 경우 시공이 중요하다고 생각을 한다. 시공도 중요하지만 설계에서 가볍게 다루어진 건축물은 결코 완전할 수 없다. 올바른 설계를 위해서는 적정한 설계비를 지불하고 설계는 전적으로 건축사에게만 맡겨놓을 것이 아니라 요구사항 및 향후 계획 등 충분한 자료를 제공하고 함께 토론하고 의논해서 만들어야 한다. 그래야 경제적이고 안전하고 편리한 건축물을 만들 수 있다.

설계가 완료되면 바로 건축 허가를 신청할 수 있다. 그러나 허가 신청 전에 시공자를 선정하여 설계내용이 실제 시공하는 데 지장이 없는지, 빠뜨린 부분은 없는지, 공사비는 얼마나 되는지 검토가 필요하다. 이때 유능하고 신뢰성 있는 시공자 선정을 위하여 그 사람이 공사한 건축물을 직접 확인하는 것도 좋은 방법이다. 싼 게 비지떡이라는 말이 있듯이 터무니없이 적은 공사비는 부실시공의 원인이 되니 유의하여야 한다.

주택은 한번 지으면 쉽게 다시 바꾸거나 되돌릴 수 없고 몇 년이 아닌 수십 년을 살아야 하므로 신중하게 선정하는 것이 중요하다.
제대로 된 설계가 있어야 설계를 토대로 완벽한 시공이 될 수 있다.

건축 신고

신고와 허가

구분	신고	허가
면적	• 연면적 100㎡ 이하의 건축 • 바닥면적의 합계가 85㎡ 이내의 증축 · 개축 · 재축 • 「국토의 계획 및 이용에 관한 법률」에 의한 관리지역 · 농림지역 · 자연환경 보존지역에 연면적 200㎡ 미만 3층 미만의 건축물(단, 제2종 지구단위 계획지역 안에서의 건축을 제외)	이상의 면적은 모두 허가
감리	불필요	건축사가 감리하여야 함
준공	관할 행정	건축사가 준공하여야 함

건축 신고 절차(주택 100㎡ 이하의 건축)

• 주변건축사사무소 찾아가기

• 건축사와 미팅 후 설계 확정(상호 간 충분한 소통이 필요)

• 건축신고서류 작성(건축사사무소)

• 세움터 접수(건축사사무소)

• 신고필증 교부(건축주 또는 건축사사무소)

• 착공신고(건축사사무소)

• 착공신고필증교부

• 공사시공

• 사용검사신청

우리집 짓기 위한 작업 세부 사항

구분	신고	허가
주변 건축사사무소 찾아가기	• 우리집에 필요한 사항 체크 • 지적도 • 토지이용계획확인원 • 토지등기부등본	• 우리집에 필요한 사항 체크 • 지적도 • 토지이용계획확인원 • 토지등기부등본
건축사와 미팅 후 설계 확정	• 우리집에 필요한 사항 건축사와 충분히 소통 • 현장답사 후 주변 현황 검토 • 기본설계안 검토 • 설계 확정 • 필요 시 토지경계측량 및 토지분 할 신청(지적과)	• 우리집에 필요한 사항 건축사와 충분히 소통 • 현장답사 후 주변 현황 검토 • 기본설계안 검토 • 설계 확정 • 지목이 대지가 아니므로 개발 행 위 및 형질변경 • 임야인 경우는 산림 훼손 허가 필요(토목설계사무소 의뢰) • 필요 시 토지경계측량 및 토지분 할 신청(지적과)
건축신고 필요 서류	• 인감증명서 • 위임장(인감도장 날인) • 토지등기 • 정화조설치 신고서 • 배수설치 신고서 • 설계계약서	• 인감증명서 • 위임장(인감도장 날인) • 토지등기 • 정화조설치 신고서 • 배수설치 신고서 • 설계계약서
세움터 (인터넷건축행정 시스템)로 접수	• 건축사사무소 대행업무	• 건축사사무소 대행업무 • 토목설계사무소 대행업무
신고필증교부	• 신고필증 관할행정에서 찾기 • 면허세 또는 기타 세금 납부	• 신고필증 관할행정에서 찾기 • 면허세 또는 기타 세금 납부 • 대체농지조성비 납부 (공시지가의 30%)
착공신고 (세움터 접수)	• 시공자 선정 시 공사계약서 첨부 • 납부한 세금 사본 첨부	• 시공자 선정 시 공사계약서 첨부 • 납부한 세금 사본 첨부
공사시공	• 규준틀 작업 시 건축사사무소와 협의	• 규준틀 작업 시 건축사사무소와 협의
사용검사신청	• 구비서류 – 현황 측량도(필요 시) – 정화조 준공 필증 – LPG가스설치확인서(설치 시) – 보일러시공확인서(설치 시) – 현장 완공 사진	• 구비서류 – 현황 측량도(필요 시) – 정화조 준공 필증 – LPG가스설치확인서(설치 시) – 보일러시공확인서(설치 시) – 현장 완공 사진 – 토목설계사무소 준공신청

기초

건물의 가장 기본이 되는 부분인 기초는 외력을 받아 이를 안전하게 지반으로 전달하는 지중구조부분이다. 상부구조물이 침하하거나 파괴되는 것을 막아주는 역할을 한다.

기초의 크기는 상부벽체 두께에 의해 결정되며 기초의 폭은 상부벽체 두께의 2배 이상이고 깊이를 결정하는 요인은 동심결도이다. 동심결도는 땅이 얼 때에 동결층과 미동결층의 경계가 되는 곳까지의 깊이를 말한다. 지역마다 기후가 다르기 때문에 기초의 깊이가 달라질 수 있다.

기초의 종류로는 크게 재래식 기초, 연속 기초, 온통 기초가 있다.

재래식 기초는 과거 우리나라 사람들이 많이 사용했던 방식으로 다짐기초는 성벽이나 담 건물의 기초를 다질 때 사용하는 기초이고 물다짐은 자갈, 모래, 물을 이용하여 기초를 친다. 먼저 자갈을 9cm 깔고 그 위에 모래를 3cm 깐 다음 물을 흠뻑 뿌려 모래가 자갈 사이에 잘 스며들게 하여 최밀충전 효과를 일어나게 하는 방식이다.

연속 기초는 벽 또는 일렬의 기둥을 연속된 기초 판에 받치게 한 기초로 지내력이 전체적으로 고르거나 성토한 땅, 지반 침하가 우려되는 경우 연속 기초로 시공을 한다.

온통 기초는 상부 구조물의 전부 또는 대부분을 접지 면적을 넓게 잡기 위하여 넓은 판 모양으로 담당하게 한 기초이다. 지지하중이 무겁고 지내력이 적을 경우에 사용되며, 매트 기초는 시공의 간편성과 현실적인 부분에서 용이한 기초 방법이다.

기초의 내용 개념도

동결심도

　땅이 얼 때에 동결층과 미동결층의 경계가 되는 곳까지의 지반 깊이를 말한다. 동결 깊이의 결정은 건설부 도로조사원 측후소와 농업 기상관측 분실의 기상 자료를 토대로 한다.

지역별 동결심도

단위 : mm

지역	동결심도	지역	동결심도	지역	동결심도
대관령	799.0	거창	305.0	김천	258.0
홍천	577.0	추풍령	304.0	영천	258.0
제천	526.0	성주	301.0	함안	248.0
인제	525.0	선산	299.0	나주	247.0
원성	504.0	문경	296.0	정읍	244.0
양평	480.0	부안	287.0	함평	242.0
춘천	457.0	보령	286.0	군산	239.0
음성	451.0	이리	276.0	협천	231.0
강화	449.0	고창	272.0	영광	222.0
화성	447.0	칠곡	268.0	전주	218.0
충주	446.0	광주	168.0	승주	217.0
영주	397.0	해남	158.0	밀양	213.0
영동	393.0	수원	445.0	속초	212.0
금산	388.0	보은	445.0	삼척	206.0
무주	375.0	진천	435.0	영덕	204.0
인천	373.0	안성	426.0	함양	204.0
홍성	362.0	괴산	419.0	영암	196.0
유성	350.0	이천	414.0	대구	190.0
청주	350.0	서울	409.0	장흥	182.0
임실	348.0	아산	407.0	산청	181.0
당진	348.0	의성	399.0	구례	179.0
대전	346.0	진안	389.0	강릉	172.0
안동	342.0	청송	398.0	김해	172.0
서산	341.0	장성	267.0	울산	97.0
논산	329.0	상주	267.0		
부여	323.0	남원	258.0		

동결심도의 개략

지역	남부	중남부	중부	중북부
깊이	30cm	60cm	90cm	120cm

기초의 크기와 깊이

기초의 크기는 상부벽체 두께(d)에 의해 결정되고, 기초의 폭은 상부벽체의 두께의 2배(2d) 이상, 기초의 두께는 상부벽체의 두께의 1배(d) 이상이어야 한다. 기초의 깊이는 동결심도 이하이어야 한다.

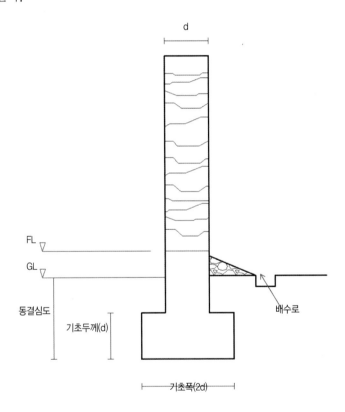

재래식 기초

다짐 기초(판축기법)

　다짐 기초는 성벽이나 담 건물의 기초를 다질 때 사용하던 기법이다. 사질 지반일 경우 그대로 다지거나 자갈과 모래를 깔아 물을 뿌려가며 물다짐하여 사용하고, 점토질 지반일 경우 석회를 뿌려서 달구를 이용하여 다짐을 한다. 차진 흙과 마른 흙을 한겹씩 다져서 마치 시루떡처럼 쌓아 올리는 것으로, 매우 단단하나 많은 노동력이 필요하고 작업이 까다로운 단점이 있다.

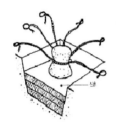  

판축시공, 달구질 그림

분류

입사 기초

초석이 놓일 위치의 땅을 생땅이 나올 때까지 웅덩이를 파고 모래를 층층이 물을 부어가면서 다져 올리는 기초

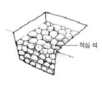

적심석 기초

초석이 놓일 위치의 땅을 생땅이 나올 때까지 웅덩이를 파고 잔 자갈을 층층이 다지면서 쌓아 올리는 기초

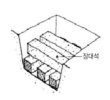

장대석 기초

지반이 특히 약하거나 건물의 규모가 크고 하중이 과할 때 사용함. 생땅이 나올 때까지 웅덩이를 파고 장대석을 '井'자형으로 쌓아 올리는 기초

물다짐

재래식 기초를 이용한 기초 방식으로 자갈, 모래, 물을 이용하여 기초를 친다. 먼저 자갈 9cm를 먼저 깔고 그 위에 모래를 3cm 깐 다음 물을 흠뻑 뿌려 모래가 자갈 사이에 잘 스며들게 하여 최밀충전 효과를 일어나게 하는 방식이다. 물이 적을 경우 물을 계속 뿌리며 자갈과 모래를 채워 넣는다.

순서도

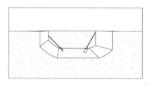

1. 지역별 동결심도 기준에 따른 깊이와 벽체의 두께의 두 배만큼 파낸다.

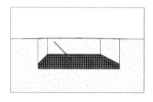

2. 처음 배수관 역할을 위해 자갈을 9cm 정도 채운다.

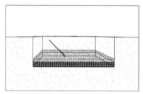

3. 그 위에 모래를 3cm 정도 채운다.

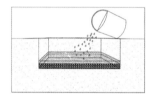

4. 물을 뿌려 모래가 자갈 사이로 스며들게 한다.

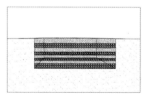

5. 그 다음 자갈 3cm, 모래 3cm를 물과 함께 반복적으로 채운다.

연속 기초(줄기초)

연속 기초(줄기초)는 벽 또는 일렬의 기둥을 연속된 기초판에 받치게 한 기초이다. 연속 기초(줄기초)는 지내력이 전체적으로 고른 경우, 성토한 땅이거나 지반 침하가 우려되는 경우에 시공한다.

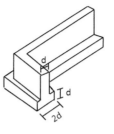

순서도

1. 집중하중이 들어가는 벽체 부분을 동결심도를 고려하여 터파기한다.

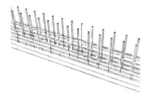

2. 콘크리트의 인장력을 주기 위해 철근을 조립한다.

3. 거푸집을 안쪽과 바깥쪽을 설치한 후 콘크리트를 타설한다.

4. 양생 후 거푸집을 탈형하고 땅을 되메우기한 후 기초를 완성시킨다.

약식 온통(약식 매트) 기초

약식 온통(약식 매트) 기초는 상부 구조물의 전부 또는 대부분을 접지 면적을 넓게 잡기 위하여 넓은 판 모양으로 담당하게 한 기초로, 지지하중이 무겁고 지내력이 적을 경우에 사용된다.

매트 기초는 시공의 간편성과 현실적인 부분에서 용이한 기초 방법이다.

매트 기초 시 주의할 점

철근의 배근과 설비의 사전 매립, 앵커볼트의 사전 설치가 중요하다. 또 매트의 두께는 상부 벽체의 두께의 1배(1d) 이상으로 한다.

순서도

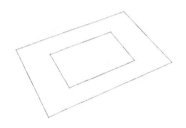

1. 지반에 습기를 막기 위해 비닐이나 방습지를 깐다.

2. 그 위에 기초가 들어갈 크기만큼 거푸집을 설치한다. 거푸집이 배부름 현상이 일어나지 않게 하기 위해 파이프로 거푸집을 고정한다.

3. 콘크리트는 압축력(위에서 누르는 힘)은 강한 반면 인장력(양쪽 옆으로 당기는 힘)이 약하므로 이를 보완하기 위해 철근을 해근하거나 와이어 메쉬를 놓는다. 상하수도 설비 배관, 전기 배관을 사전 매립한다.

4. 그 안에 콘크리트를 부어 넣고 흙손이
   나 마감판 등을 이용해 수평을 맞추어
   표면을 마감한다.

5. 양생 후 거푸집을 탈형한다.

벽체

흙건축 벽체 유형의 분류

흙건축 벽체의 유형은 구축 방법과 공법의 전개에 따라 분류하며, 각 공법별로 사용되는 재료에 따라 분류하는 방법이 있다.

구축 방법에 따른 분류
• 개체식 : 흙쌓기 공법, 흙벽돌 공법
• 일체식 : 흙다짐 공법, 흙타설 공법
• 보완식 : 흙미장 공법

사용재료에 따른 재래식 방법과 현대적 방법인 고강도식으로 나누고, 구축 방법에 따라 개체식, 일체식, 보완식으로 나눈다. 현재 가장 일반적으로 통용되는 것은 공법의 전개에 따른 흙건축 5대 공법으로 분류한다.

벽체에서는 흙건축 5대 공법, 즉 흙쌓기, 흙벽돌, 흙다짐, 흙타설, 흙미장으로 나누어 각 공법에 정의와 시공방법을 설명하고자 한다.

흙쌓기 공법

흙쌓기 공법은 BC 10,000년경에 중동 지역의 인류가 유목 생활을 멈추고 정착을 하며 시작되었다. 구축 방식은 거의 맨손으로 작업이 이루어지며, 지역에 따라 흙의 입자가 너무 작거나 점토 성분이 많은 경우 천연섬유를 이용하여 균열을 막아준다. 흙쌓기 종류로는 흙쌓기 공법, 보강 흙쌓기 공법, 대나무틀 공법, 계란판 공법, 흙자루 공법으로 나누어진다.

흙쌓기 공법 제작 과정

흙벽돌 공법

흙벽돌은 BC 8000년경 틀로 만든 벽돌 중 가장 오래된 것으로 터키의 사탈 후유크 유적지에서 발굴되었으며, BC 9000년경 손으로 만든 벽돌이 처음 출현하였다. 흙벽돌은 그 제조 방법에 따라 재래식 벽돌, 고압 벽돌, 고강도 벽돌, 메주(MJ)공법으로 나누어진다. 재래식 벽돌은 물에 약하므로 물에 대한 대책을 세운 후 사용해야 하고, 고강도 벽돌은 물에 강하여 외부용으로도 쓰일 수 있다.

흙벽돌 공법 제작 과정

흙다짐은 BC 8세기 카르타고 지역에서 시작되었으며, 영어권에서는 'rammed earth', 불어권에서는 'pise'로 지칭하였다. 거푸집을 짠 후 그 안에 흙을 넣고 공이나 다짐기로 다져서 벽체를 만드는 공법이며, 유럽, 남미, 아프리카, 중동 등 여러 지역에서 많이 사용하였으며, 우리나라에서도 많이 사용해 온 공법이다. 흙다짐의 종류로는 재래식 흙다짐 공법과 고강도 흙다짐 공법이 있다.

흙다짐 공법

흙다짐 공법 제작 과정

흙타설은 BC 2세기 로마에서 시작되었으며, 흙을 거푸집에 부어넣어 일체형으로 만드는 방식으로 시멘트를 사용하지 않고 자연상태의 흙을 이용하여 벽체를 만드는 공법이다. 이 공법은 비에 강하고 다양한 형태와 크기가 가능하며, 건물 외부 보도 및 차로에도 적용이 가능하다.

흙타설 공법

흙미장은 지역에 따라 약간의 차이는 있으나 동서양을 막론하고 가장 많이 사용된 방식이며, 전통 건축에서는 외를 엮거나 바탕틀을 만들고 그 위에 흙을 바르는 심벽 공법이 있다. 흙미장은 기존 건축물의 벽체에 적용하기 쉽고, 일반이 쉽게 접할 수 있는 공법 중 하나이다.

흙미장 공법 제작 과정

흙쌓기 공법

흙쌓기 공법

흙을 호박돌만한 크기로 손으로 만들어서 차곡차곡 쌓아 만드는 방법이다. 흙에다 짚을 섞기도 하고 그냥 할 수도 있으며, 흙을 반죽하여 바로 쌓는 것으로서, 아래쪽의 흙이 완전히 마르지 않은 상태에서 위쪽을 많이 쌓게 되면, 아래쪽의 흙이 주저앉게 되므로 하루 작업 높이는 40~50cm로 하고, 반죽질기는 소성 상태로 한다.

흙쌓기 공법

장단점

장점	단점
• 타 흙벽체 공법에 비해 시공이 간단함 • 거푸집 없이 시공이 가능함 • 표면처리가 자유로움	• 하루에 쌓을 수 있는 양이 한정되어 공기가 길어짐 • 아래쪽 흙이 완전히 마른 후에 다시 위쪽을 쌓아야 함

시공 방법

❶ 동글동글하게 알매흙을 만든다.

❷ 쌓는 흙의 형태는 동글동글하게 하여 쌓을 수도 있고, 약간 펑퍼짐하게 하여 쌓을 수도 있다.

❸ 마르지 않은 상태에서 위쪽을 많이 쌓게 되면 아래쪽의 흙이 주저앉게 되므로 하루 작업 높이는 40~50cm로 한다.

❹ 울퉁불퉁한 표면을 굳기 전에 손으로 평평하게 마무리해 준다.(단, 패턴을 주었을 시 표면처리 안 해도 된다.)

❺ 여러 번에 나눠서 쌓은 뒤 벽이 마를 때까지 기다린다.

반죽질기 (낙하시험 : 소성상태)	알매흙 만들기	알매흙 완성

알매흙 시공	완료	**예** 패턴

시공 사례

강릉 사천	경기 강화도

해외 사례	남아프리카 공화국 아동지원센터

보강 흙쌓기 공법

　기존의 흙쌓기 공법에 단점을 보강하기 위한 공법으로 대나무 보강재를 이용하여 흙벽에 처짐을 보강한다.

　대나무 기둥 설치로 구조적 보강을 하고, 흙벽의 하루 쌓기 높이는 0.9~1.2m, 반죽질기는 소성 상태로 한다.

장단점

장점	단점
• 타 흙벽체 공법에 비해 시공이 간단함 • 거푸집 없이 시공이 가능함 • 표면처리가 자유로움 • 기존 흙쌓기 공법에 비해 공기 단축 가능	• 대나무 보강재의 제작 및 설치에 공기가 길어짐 • 기존 흙쌓기 공법에 비해 대나무가 들어가 재료비가 올라감

시공 방법

❶ 대나무 기둥을 기초에 고정시킨다.

❷ 대나무 기둥에 횡으로 대나무를 엮는다.

❸ 바닥은 15~20cm에 흙을 쌓아 올린 후 대나무 보강재를 깔아 준다.

❹ 그 후 10cm가량 흙을 쌓은 후 대나무 보강재를 깔아 준다.

❺ 강도 및 건조시간을 고려하여 석회 등을 첨가한다.

반죽질기(낙하시험 : 소성 상태)

대나무 보강재 제작

대나무 기둥 설치

흙쌓기 / 대나무 보강재 설치

표면 처리

완성

시공 사례

필리핀 쥬빌리 홈

네팔 꺼이날리 지역

대나무틀 공법 [BF(Bamboo Frame) 공법]

틀을 이용하여 기존의 흙쌓기 공법에 비해 시공성이 높아졌다. 현대식 유로폼을 이용하지 않고 자연재료인 대나무를 이용하여 틀을 제작하고, 흙을 배합하여 대나무틀 안을 채운 다음 다짐봉으로 다지거나 발로 밟아서 다진다.(배부름 현상에 주의하여 다진다.)

틀을 제거하지 않아도 되어 공기 단축이 되고, 반죽질기는 소성 상태로 한다.

장단점

장점	단점
• 재료를 쉽게 구할 수 있으면 시공이 용이함 • 벽체시공 방법이 간단하여 공기 단축 가능 • 대나무 자체가 틀이 되면서 벽체가 되어 별도의 거푸집 틀을 제작할 필요가 없음 • 흙벽 하루 쌓기 1~1.5m로 함	• 다짐을 과도하게 했을 경우 벽체 배부름 • 대나무가 많이 들어가 재료비가 올라감

시공 방법

❶ 1m 강관비계를 땅에 박아 대나무와 강관비계를 연결한다.

❷ 벽체의 두께와 길이 만큼 대나무를 가로방향과 세로방향으로 끈을 이용해 엮어준다.

❸ 틀을 완성한 후 그 안에 흙을 채운다.

❹ 채워 넣은 흙을 다짐목이나 발을 이용하여 다져준다.

❺ 강도 및 건조 시간을 고려하여 석회 등을 혼합하여 사용할 수 있다.

반죽질기(낙하시험 : 소성 상태)   대나무틀 기초에 고정   대나무틀 완성

흙 채움   다짐 및 면 정리   완성

시공 사례

창평 슬로시티   목포대학교 흙건축 실습장

계란판 공법 [EP(Egg Packing box) 공법]

EP벽체 개념은 전통 흙담에서 도입되었다. 전통 흙담에 쓰이는 재료는 자연에서 얻을 수 있는 흙, 돌, 기와장 등이었는데, 현대에 와서는 벽의 기본적인 구성을 토대로 자연 친화적인 재료이며, 종이를 재활용해 만들어진 계란판을 도입하여 쓰고 있다.

주변에서 쉽게 구할 수 있는 종이를 재활용한 계란판과 자연 상태의 흙을 사용한 계란판 공법은 내재 에너지가 적으며 재순환이 되고 재사용이 가능한 특징을 가지고 있다. 또 시공이 간단하고 거푸집을 사용하지 않기 때문에 일반인들도 쉽게 벽체를 시공할 수 있고 공기를 단축할 수 있다. 반죽질기는 소성 상태 정도이며, 하루 작업 높이는 1m~1.2m로 한다.

장단점

장점	단점
• 내재 에너지 소비가 적으며 재료의 재사용 가능함 • 시공이 용이하고 공기 단축 • 거푸집을 사용하지 않기 때문에 일반인들도 쉽게 시공 가능함 • 벽체의 수직, 수평 잡기가 비교적 쉬움 • 다른 흙건축 공법과 비교하여 재료비, 인건비 등이 경제적	• 흙배합 시 물이 너무 많이 들어가면 벽체가 처짐

시공 방법

❶ 기초 완성 후 흙을 일정한 높이(10~20cm)만큼 쌓은 다음 계란판을 놓은 후 다시 반복한다.

❷ 계란판을 서로 맞물리도록 한다.

❸ 계란판을 놓은 후 눌러줘야 공간에 흙이 잘 채워진다.

❹ 하루 쌓기 높이는 1m 정도로 한다. – 흙이 소성 상태이기 때문에 처짐, 배부름, 휨이 발생하는 것을 방지하기 위한 것이다.

❺ 강도 및 건조 시간을 고려 석회등을 혼합하여 사용 가능하다.

❻ 벽체 길이가 3m를 넘을 때에는 기초부터 수직철근 연결 간격을 600mm로 설치하여 횡력을 보강한다.

| 반죽질기(낙하시험 : 소성 상태) | 흙 배합 | 흙쌓기 후 계란판 깔기 |

| 하루쌓기 높이 1~1.2m | 표면 처리 | 완성 |

시공 사례

| 지애당 | 김제 주택 |

| 네팔 꺼이날리 | 목포대학교 흙건축 실습장 |

흙벽돌 공법

재래식 흙벽돌 공법

흙에다 짚을 섞은 후 물을 넉넉히 넣어 반죽한 다음 나무틀에다 던져서 넣은 후 나무틀을 빼고, 말려서 벽돌로 사용한다.

- 흙벽돌은 물이 많아서 말릴 때 모양이 이그러질 우려가 있으므로 하루에 한 번씩 벽돌을 돌려 세워서 말린다.
- 반죽질기는 소성 상태와 액상 상태로 한다.
- 표준형 벽돌 크기는 190×90×57이며 필요에 따라 300×140×140 등 다양 크기로 제작 가능하다.

재래식 흙벽돌

장단점

장점	단점
• 일반인도 쉽게 제작할 수 있음 • 타 공법에 비해 재료비 및 인건비 절약	• 벽돌 제작 후 건조시간이 오래 걸림 • 물에 약함(강도 및 건조시간을 고려하여 석회 등을 혼합하여 사용할 수 있음)

제작 방법

코팅합판은 자재이름이다.

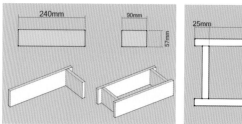
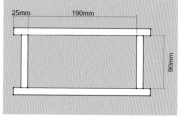

코팅합판(두께 9mm 이상), 코팅합판 없을 시 일반합판 사용 가능 / 조립 후 콩기름 바름 필요

| 반죽질기(낙하시험 : 소성 상태) | 벽돌틀 제작 | 흙 채움 |
| 표면 처리 | 틀 제거 | 완성 |

고압 · 고강도 흙벽돌 공법

　　고압 흙벽돌은 기계를 이용하여 흙을 고압으로 성형하여 만들며, 현장에서 직접 제작하여 사용 가능하다. 반죽질기는 습윤 상태로 한다.

　　고강도 흙벽돌은 고강도 흙재료를 성형기에 넣어서 진동 고압으로 찍어낸다. 구운 벽돌과 비슷한 정도의 강도가 발현되며, 반죽질기는 습윤 상태로 한다.

고압 · 고강도 흙벽돌

고압 흙벽돌의 장단점

장점	단점
• 소성 벽돌보다 낮은 가격 • 만든 즉시 저장이 가능함	• 초기 투자 비용이 높음

고강도 흙벽돌의 장단점

장점	단점
• 기계를 이용하여 대량 생산할 수 있음 • 물에 강하여 외부용으로도 쓰임	• 구입비가 기존 흙벽돌에 비해 비쌈

고강도 흙벽돌(공장 생산)의 제작 방법

기계식 자동생산 과정

고강도 흙벽돌

고강도 흡음 벽돌

고압 흙벽돌(수동 기계 생산)의 제작 방법

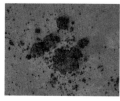
반죽질기(낙하시험 : 습윤 상태)

흙 배합

흙 채우기

기계 안에 흙 채움

덮개를 열고 레버를 90도로 올림

완성

메주공법 [MJ공법]

　기존의 흙건축 공법의 단점을 보완하여 '내 손으로 흙집짓기' 개념에 적합하도록 개발된 공법이다.

• 메주와 같은 형태를 가진 공법으로, 일정한 크기의 틀 안에 넣어 제작한다.
• 말리지 않고 직접 흙벽체를 시공할 수 있는 방법을 모색한다.
• 상황에 맞게 보통 가로와 세로를 1:2 비율로 만든다.

- 반죽질기는 소성 상태로 한다.
- 자루를 길게 하면 흙자루 공법으로 사용하며, 메주공법 방법에 준하여 시공한다.

장단점

장점	단점
• 시공이 용이하고 공기 단축 • 시공 방법이 벽돌 조적 방식과 흡사 • 거푸집을 사용하지 않기 때문에 일반인들도 쉽게 시공 가능 • 다른 흙건축 공법과 비교하여 재료비, 인건비 등이 경제적임 • 다양한 규격으로 벽돌을 만들 수 있음	• 벽돌 제작과정에서 흙벽돌 공법보다 오래 걸림 • 물의 양에 따라 시공이 어려워질 수 있음

제작 방법

- 크기는 시공자에 따라 달라진다.
- 기초 완성 후 메주 흙을 만들어 벽돌 조적 방식으로 공정을 진행한다.
- 메주 흙을 쌓은 후 망이 보이는 면을 정리한다.(벽면을 문지르면 흙이 배어나온다.)
- 하루 쌓기 높이는 1~1.5m로 한다.
- 석회 등을 혼합하여 사용 가능하다.(강도 및 건조 시간 고려)
- 양생 후 마감 미장한다.

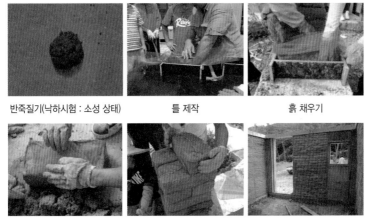

반죽질기(낙하시험 : 소성 상태)   틀 제작   흙 채우기

제작망 정리   조적 및 양생   완성

시공 방법

❶ 수직, 수평을 맞추기 위해 기준선틀을 설치한다.

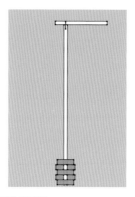

· 기준선 틀 제작
2×2목재를 이용하여 틀을 만들고, 틀고정
은 벽돌을 이용하여 고정함

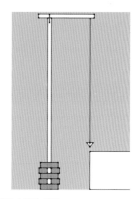

· 기준 수직선 설치
기초 부분에 수직추를 내려 수직을 맞춤

❷ 벽돌이 잘 붙을 수 있도록 바탕면을 정리한다.

❸ 시공자에 따라 쌓는 방식은 다르나 보통 막힘줄눈이 만들어지
도록 한다.

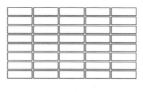

통줄눈

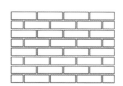

막힘줄눈

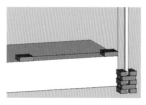

수평은 벽돌에 수평실을 띄워 수평을 맞춤
(기둥이 있을 경우 기둥에 실을 띄워 수평을
맞춤)

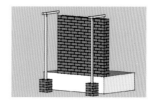

반복해서 벽돌을 쌓고 막힌 줄눈이 되게 함

줄눈 정리
줄눈 정리를 위해서 조적 시 줄눈 공
간에 1cm을 남겨두고 시공한 후 줄
눈 몰탈로 마무리해 준다.

❹ 치장줄눈을 하기 위해 줄눈 정리를 한다.

❺ 하루쌓기 높이는 1.2m로 한다.

기준선 틀 제작

기준선 설치

바탕면 정리

벽돌 쌓기

줄눈 정리

완성

흙벽돌 공법별 시공 사례

재래식 흙벽돌

멕시코 성프란시스 성당

멕시코 산타페 공공건물

예멘 성벽도시 시밤

아르헨티나 교회

고압 흙벽돌

네팔 꺼이날리

프랑스 크라테르 연구소   콜롬비아 단독 및 공동주택

고강도 흙벽돌

포항 동호인 주택   김제 지평선중학교 기숙사

충남 서천 사너울 생태마을   서울 어린이대공원

MJ 공법

목포대학교 흙건축 실습장

흙다짐 공법

재래식 흙다짐 공법

- 흙다짐 공법은 거푸집을 짠 후 그 안에 흙을 넣고 공이나 다짐기로 다져서 벽체를 만든다.
- 흙다짐을 위한 거푸집은 여러 가지 재료로 만들 수 있는데, 현장 여건에 맞게 다양한 방식으로 담틀을 짤 수 있다.
- 흙배합은 입도분포표를 따르면 되고, 반죽질기는 습윤 상태로 한다.

재래식 흙다짐 공법

장단점

장점	단점
• 입도분포표에 따라 입도가 맞으면 주변 흙으로 시공 가능 • 구조체로 가능하며, 아름다운 벽체 구성할 수 있음 • 흙의 질감과 특성을 잘 표현할 수 있음	• 흙배합이 타 벽체 배합보다 어려움 • 시공법은 간단하나, 강도 높은 노동력이 필요함 • 거푸집을 견고하게 해야 함

시공 방법

❶ 벽 두께는 설계에 따라 달라진다.(보통 400mm로 한다.)

❷ 거푸집을 견고하게 하기 위하여 거푸집용 철물을 사용하여 고정한다.

❸ 모서리 파손을 방지하기 위하여 면목을 설치한다.

❹ 다짐 방식은 전통식으로 공이를 이용할 수 있으며, 현대식으로 콤프레셔를 이용한 램머가 있다.

❺ 다짐이 완료된 후 바로 거푸집을 탈형해도 무방하다. 단, 탈형
시 거푸집을 위로 올리면서 탈형한다.

❻ 양생 후 마감한다.

반죽질기(낙하시험 : 습윤 상태)　　　　거푸집 조립 1　　　　거푸집 조립 2

면목 설치　　　　　　　　다짐　　　　　　　　　완성

시공 사례

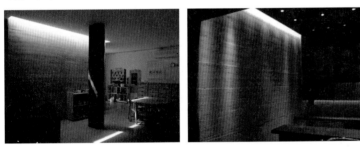

양주 아름솔유치원　　　　　　　　삼성동 하얏트호텔

존 올리버 현장　　　　　　　　무주 된장공장

고강도 흙다짐 공법

- 흙의 결합재(석회나 고성능 석회)를 혼합하여 배합된 흙을 일정한 틀에 부어넣고 재래식 흙다짐의 압력보다 약하게 다지는 공법이다.
- 기존의 재래식 흙다짐 공법은 흙의 습윤 상태의 반죽질기로 인해 시공성과 내구성에 단점을 가지고 있었으나 고강도 흙다짐은 습윤 상태부터 소성 상태까지 다양한 흙반죽 질기를 이용하여 서로 다른 표면질감을 표현할 수 있다.
- 재래식 흙다짐 시공 방법보다 시공이 쉽고 높은 내구성을 갖는 방법이다.
- 반죽질기는 소성 상태로 한다.

고강도 흙다짐 공법

장단점

장점	단점
• 재래식 흙다짐 시공 방법보다 쉽고 내구성이 높음 • 물의 양을 조절하여 다양한 표면질감을 표현할 수 있음 • 재래식 흙다짐 거푸집 조립법보다 쉬움 • 거푸집 탈형 후 목재재 사용 가능	• 석회나 고성능 석회 비용 추가

시공 방법

❶ 벽 두께는 약 350~400mm로 한다.

❷ 벽체의 좌굴을 방지하기 위해 지지대를 설치한다.

❸ 벽체가 길 경우 면목을 설치하여 세로줄눈을 만들어 균열을 방지한다.

❹ 흙을 다진 뒤 메쉬를 깔아 주면 균열을 방지하며 강도를 높인다.

반죽질기(낙하시험 : 습윤 상태)

지지대 및 거푸집 널 설치

면목 설치

콩기름 바름

흙 채움

메쉬 설치

발로 밟기/다짐봉 다짐

거푸집 널 탈형

완성

시공 사례

산청군 동의토가

목포대학교 흙건축 실습장

토량환산계수

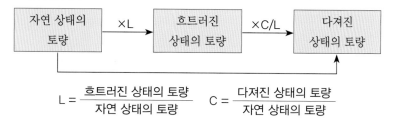

$$L = \frac{\text{흐트러진 상태의 토량}}{\text{자연 상태의 토량}} \qquad C = \frac{\text{다져진 상태의 토량}}{\text{자연 상태의 토량}}$$

- 자연 상태 : 1
- 흐트러진 상태 (L) : 1.175
- 다져진 상태 (C) : 0.9
- 흙다짐 시 : $\frac{\text{다져진 상태의 토량}}{\text{자연 상태의 토량}} \times 100 = 130\%$
- 최소 30% 이상의 흙량을 준비

거푸집 널 제작 방법

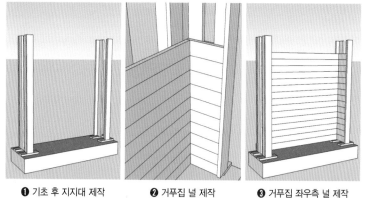

❶ 기초 후 지지대 제작   ❷ 거푸집 널 제작   ❸ 거푸집 좌우측 널 제작

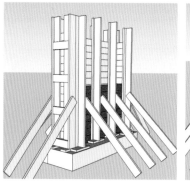 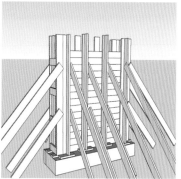

❹ 앞쪽 거푸집 널 절반 제작 후 가새 설치   ❺ 흙 채움 후 남은 거푸집 널 절반을 제작

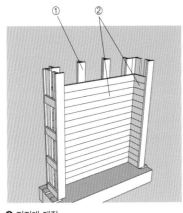 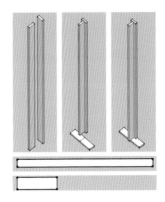

❶ 지지대 제작

거푸집 널을 잡아주기 위하여 지지대를 제작, 거푸집 제작 시 필수적으로 설치해야 함
- 지지대(38×140×3600) 2개를 T자형으로 조립
- T자형 조립 후 T자 받침대(38×140×600) 지지대와 받침대 조립

❷ 거푸집 널 (38×140×2576)/(38×140×400)

흙타설 공법

고강도 흙타설(earth concrete)

- 결합재 이론에 의하여 만들어지며, 흙은 산지마다 그 성분이 다르므로 흙 분석 후 그에 맞게 배합한다.
- 거푸집은 유로폼 및 나무틀을 사용할 수 있으며, 나무틀 거푸집 설치 방법은 고강도 흙다짐 공법과 동일하다.

장단점

장점	단점
• 비에 강하고, 강도가 높음 • 시멘트처럼 공업생산 가능, 시공이 편리함 • 다양한 형태와 크기가 가능함 • 건물 외부 보도 및 차로에 적용 가능	• 타 공법에 비해 자연스러운 흙 재료적 특징이 떨어짐 • 비빔 등 장비가 필요함

분류

건물 구체에 적용되는 흙타설 공법	건물 외부에 적용되는 흙타설 공법
• 고강도의 흙을 콘크리트처럼 거푸집에 넣음 • 비에 강하고 강도가 높으며, 공업생산 가능 • 상용화되면 시멘트 대신 편리하게 사용 가능 • 반죽질기는 액상 상태로 함	• 고강도로 제조된 흙을 건물 외부 보도나 차로에 타설함 • 공극을 만들어서 포러스콘크리트로 사용, 투수나 식생에 도움을 줌 • 자연적인 느낌을 주는 도로포장 가능

거푸집 설치 방법

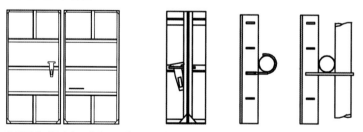

❶ 벽체가 만들어질 곳에 유로폼을 세운다.　❷ 외지핀을 이용하여 유로폼을 고정한다.　❸ 강관비계와 후크를 이용하여 유로폼에 수직, 수평을 맞춘다.

시공 방법

❶ 벽 두께는 디자인에 따라 다양한 표현이 가능하다.

❷ 벽체의 좌굴을 방지하기 위해 지지대 설치는 필수이다.

❸ 무늬거푸집으로 다양한 표면질감 표현이 가능하다.

반죽질기(낙하시험 : 액상 상태)

기초 거푸집 설치 및 배근

흙 배합

기초 흙 타설

거푸집 탈형

벽체 거푸집 설치 및 배근

벽체 거푸집 설치

지붕 거푸집 설치 및 배근

지붕 거푸집 지지대

벽체 및 지붕 흙 타설

거푸집 탈형

완성

시공 사례

건물 적용 흙타설

목포어린이집

영암군 관광안내소

지평선중학교 기숙사

건물외 적용 흙타설

서울시 정릉천

의림지 산책로

아차산 산책로

구로 걷고싶은 거리

흙미장 공법

흙을 바르는 흙미장 공법(plaster, wattle and daub)은 지역에 따라 약간의 차이는 있으나 동서양을 막론하고 가장 많이 사용된 방식이다. 경우에 따라서 흙 위에 회반죽 바름을 하기도 한다.

전통 건축에서는 외를 엮거나 바탕틀을 만들고 그 위에 흙을 바른다. 기둥이나 인방 등이 드러나는 심벽과 모두 흙 속에 묻히는 평벽이 있다.

흙미장의 배합은 흙미장 입도분포표를 따르거나 최밀충전된 흙을 사용한다. 반죽질기는 액상 상태로 한다(가능한 한 적게 하는 것이 좋다.). 심벽의 반죽질기는 초벽치기의 경우 소성 상태로 한다.

인방
기둥과 기둥 사이 또는 출입문이나 창 따위의 아래위에 가로놓여 벽을 지탱해 주는 나무나 돌

흙미장 공법 제작 과정

분류

흙미장 공법(바탕면이 있을 경우)

흙미장 공법(바탕면이 없을 경우)

이중 심벽(외엮기 방식 제작)

이중 심벽(각목 방식 제작)

흙짚반죽 공법

볏단벽 공법

이중 심벽(외엮기 방식 제작 방법)

• 양쪽에 중깃을 세우고 외대를 엮고 흙손질을 한다.

• 심벽 사이에 단열재를 채워 넣어 전통 심벽보다 단열 효과가 높다.

• 흙을 배합하여 손으로 바른 뒤, 흙손으로 마무리한다.

• 반죽질기는 소성 상태나 액상 상태로 한다.

개념도

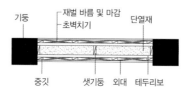

시공 방법

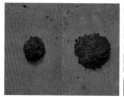

반죽질기(낙하시험 : 소성/액상 상태)

심벽 하부 바닥 수평 잡기

중깃 설치 1(테두리보 고정)

중깃 설치 2 　　　 외엮기 대나무 재단 　　　 외엮기 1

외엮기 2 　　　 돌출 부분 제거 　　　 흙 배합

흙 바름 　　　 초벌 바름 　　　 완성

이중 심벽(각목 방식 제작 방법)

- 샛기둥을 세우고 각목외대를 만든 뒤 흙손질을 한다.
- 외대로는 2"×2"목재를 사용하여 만든다.
- 심벽 사이에 단열재를 채워 넣어 전통 심벽보다 단열 효과가 높다.
- 전통 심벽보다 시공성이 높으며 일반적으로 재료 구입이 쉽다.
- 흙을 배합하여 손으로 바른 뒤, 흙손으로 마무리한다.
- 반죽질기는 소성 상태나 액상 상태로 한다.

개념도

기둥 　재벌바름 및 마감 　단열재
초벌치기
샛기둥 　각목외대

시공 방법

반죽질기(낙하시험 : 소성/액상 상태)　샛기둥 설치　메쉬 설치

2×2목재 설치　흙 배합　초벽치기 1

초벽치기 2　물축임　재벌 바름

흙벽 마감 1　흙벽 마감 2　완성

지붕

지붕은 집에서 가장 중요한 부분으로 눈, 비, 햇빛 등을 막기 위하여 집의 꼭대기 부분에 씌우는 덮개의 역할을 하며, 집에서 몸체와 지붕이 차지하는 크기나 비중은 그 집을 구성하거나 평가하는 데 기본적인 사항이 된다. 지붕은 여러 가지 형상이 있는데, 이것을 결정짓는 가장 근본적인 조건은 지역의 기후라 할 수 있고, 이들 중 일반적으로 많이 쓰이는 형상에 대한 시공 방법을 중심으로 설명하였다.

지붕의 역할

흙건축의 지붕에 대한 시공 방법은 일반적인 목구조와 크게 다르지 않다. 예를 들어 뒤의 내용 중 보의 춤에 따른 보의 가능한 스팬 길이 등은 공통적이다. 하지만 흙과 접목시키는 상세한 부분이 있기 때문에, 학생들뿐만 아니라 실무에 종사하는 전문가들이 반드시 알아야 할 기본적인 내용을 간단히 정리하였으며, 이해하기 쉽도록 글보다 일러스트를 이용하여 설명하였다. 이 내용을 숙지하여 체계적이고 쉬운 지붕 공사가 될 수 있길 바란다.

지붕의 시공 방법

본 장은 흙건축을 하면서 접하게 되는 가장 대표적인 지붕 형태에 따른 시공 방법을

1. 경사 지붕
2. 맞배 지붕
3. 우진각 지붕
4. 흙지붕
5. 옥상녹화 지붕

으로 구분하여 설명하였다.

지붕에 쓰이는 목재

보의 춤에 따른 보의 가능한 스팬 길이

(단위 " = 인치)

가로두께	세로두께	스팬길이
2"	4"	2400mm
2"	6"	3600mm
2"	8"	4800mm
2"	10"	6000mm

경사 지붕

한 방향으로 경사된 지붕으로서, 외쪽 지붕, 부섭 지붕이라고 하며, 물매 지붕 중 가장 단순한 형태이다.

경사 지붕 순서도

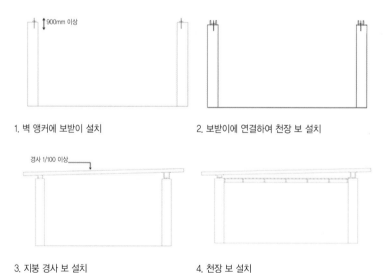

1. 벽 앵커에 보받이 설치

2. 보받이에 연결하여 천장 보 설치

3. 지붕 경사 보 설치

4. 천장 보 설치

5. 천장 널 깔기

6. 막새나무 설치

막새나무

7. 방습지 깔기 & 훈탄 채우기

8. 지붕 경사 널 깔기

9. 물받이 설치

10. 금속판 씌우기

11. 천장 전기 배선

12. 천장 내부 마감

후레싱 설치

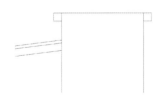

1. 후레싱 지지용 목재 설치

2. 후레싱 설치

맞배 지붕

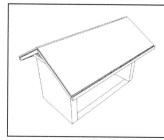

두 개의 지붕면이 하나의 용마루를 사이에 두고 양쪽으로 흘러 내린 형태이다.

맞배 지붕 순서도

1. 벽 앵커에 보받이 설치

2. 보받이에 연결하여 테두리 보 설치

3. 테두리 보에 서까래 설치

4. 서까래 측면

5. 천장 보 설치

6. 천장 널 깔기

7. 박공 목재 설치

8. 방습지 깔기 & 훈탄 채우기

9. 지붕 경사 널 깔기

10. 물받이 설치 전

11. 물받이 설치 후

12. 금속판 씌우기

13. 천장 전기 배선

14. 천장 내부 마감

우진각 지붕

건물 사면에 지붕면이 있고 귀마루(내림마루)가 용마루에서 만나게 되는 지붕이다.

우진각 지붕 순서도

1. 벽 앵커에 보받이 설치

2. 보받이에 연결하여 테두리 보 설치

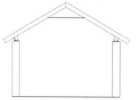

3. 테두리 보에 서까래 설치

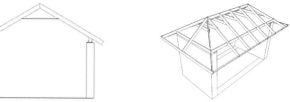

4. 서까래 측면

5. 천장 보 설치

6. 천장 널 깔기

7. 방습지 깔기 & 훈탄 채우기

8. 경사 지붕 널 깔기

9. 물받이 설치

10. 금속판 씌우기

11. 천장 전기 배선

12. 천장 내부 마감

흙 지붕

지붕 마무리를 흙으로 사용한 평 지붕이다.

흙 지붕 순서도

900mm 이상

1. 벽 앵커에 보받이 설치

2. 보받이에 연결하여 테두리 보 설치

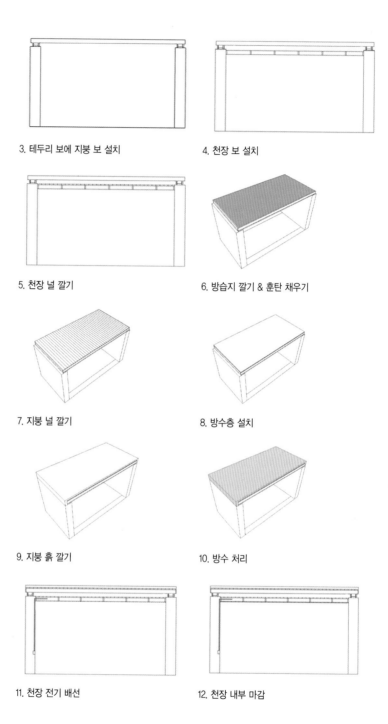

3. 테두리 보에 지붕 보 설치

4. 천장 보 설치

5. 천장 널 깔기

6. 방습지 깔기 & 훈탄 채우기

7. 지붕 널 깔기

8. 방수층 설치

9. 지붕 흙 깔기

10. 방수 처리

11. 천장 전기 배선

12. 천장 내부 마감

옥상녹화 지붕

경사 지붕, 맞배 지붕, 우진각 지붕, 흙 지붕 등 모든 지붕에 적용 가능하다.(방수층 설치 이후 동일하다.)

옥상녹화 순서도(경사 지붕의 경우)

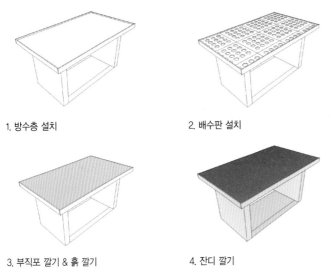

1. 방수층 설치

2. 배수판 설치

3. 부직포 깔기 & 흙 깔기

4. 잔디 깔기

5. 배수구 상세도

마감

마감의 정의
건축물의 내·외벽이나 바닥을 심미적, 기능적으로 마무리하는 공사

마감은 하던 일을 마무리하여 끝낸다는 뜻으로 건축에서 마감은 내·외벽이나 바닥에 미치는 여러 가지 영향으로부터 건축물을 보호하고 건축물의 외양을 아름답게 하는 것이다. 흙집에서 마감은 건축물의 외양을 위해서도 하지만 흙집 내·외부에 미치는 여러 영향으로부터 내 집을 보호하기 위함으로 많이 쓰인다. 흙집에 마감이 필요한 부분은 내·외부 벽체와 바닥이 있다.

내벽 마감

내벽의 경우 흙벽 바탕면에 마감처리를 하지 않을 경우 흙이 부스러지거나 옷에 묻어나기 때문에 마감처리가 필요하다. 이때 마감처리는 주로 천연 재료인 풀(느릅나무풀, 곡물풀, 해초풀 등)을 쑤어 벽체에 발라줌으로써 흙벽에 방수 또는 발수 성능을 부여하고 바탕면이 쉽게 떨어지지 않도록 내구성을 높여준다. 또한 내벽 마감처리를 할 때 흙벽에 다양한 색상을 부여하여 사용자에게 심미적 만족감을 줄 수 있다.

외벽 마감

외벽의 경우는 내벽의 부스러짐과 같은 문제와 항상 외부에 노출되어 있기 때문에 물에 대한 저항성을 높이기 위한 작업이 반드시 필요하다. 기본적으로 내부마감과 동일하나 수분으로부터 벽체를 보호하는 것에 더욱 신경을 써야 한다. 외벽 마감법은 석회와 풀을 섞어 바르는 전통마감법과 친환경 발수제를 이용하는 현대적 마감법이 있다.

바닥 마감

바닥의 경우 무엇보다 흙바닥에 습기가 올라오는 것을 막는 것이 중요하다. 흙바닥이 완전히 마르면 매끄럽게 정리한 후 콩댐이나 아마인유를 통해 자연 재료로 바닥을 마감하거나 한지 마감으로 바닥 마감을 할 수도 있다. 또한 별다른 마감처리를 원하지 않을 때는 돗자리나 멍석을 깔고 사용해도 된다.

흙집을 짓고 난 후 마감처리까지 제대로 정확히 배워 내 집에 적용함으로써 보다 완성도 있는 흙집에서 편리하게 생활할 수 있기를 바란다.

마감 공사

　　건축물의 내·외벽이나 바닥을 심미적, 기능적으로 마무리하는 공사이다. 흙을 이용한 건축에서는 수분으로부터 흙벽을 보호하는 기능을 포함한다. 주된 내용으로 건축물의 내·외벽, 바닥면과 목재의 노출면의 표면처리 등이 있다.

곡물 이용
- 밀, 콩, 쌀 등을 이용하여 전분이나 즙을 내서 이용한다.
- 보강제나 접착제의 역할을 한다.
- 밀가루 페인트를 대표적으로 많이 사용한다.

밀가루 페인트 만드는 방법
❶ 밀가루와 소금, 찬물을 먼저 거품기로 섞는다.
❷ 잘 섞인 밀가루 물에 뜨거운 물을 데우면서 섞는다.
❸ 안료나 흙을 이용해서 원하는 색상을 조절한다.

단백질 이용
콩 + 들기름(콩댐)
- 우리나라에서 전통적으로 사용하는 마감 방법이다.
- 불린 콩을 갈아 들기름을 섞어 무명주머니에 넣어 사용한다.
- 콩댐은 장판지에 내수성을 갖게 하지만 손이 많이 가는 단점이 있다.
- 들기름과 콩물을 4 : 6으로 섞어 2~3회 바르는 것으로 전통 콩댐보다 간편하다.

카제인 + 아마인유(천연 페인트)
- 서양에서 많이 사용하는 마감 방법이다.
- 일반 우유에 식초를 넣어 만든 우유단백질 카제인과 아마인유를 넣어 사용한다.
- 카제인이 물과 기름이 잘 섞이도록 하는 유화제 역할을 한다.

- 아마인유가 코팅의 역할을 하기 때문에 다양한 바탕면에 바를 수 있다.
- 아마인유 대신에 붕사를 쓰기도 하지만 붕사는 인체에 해로울 수 있으므로 사용을 금한다.

기타

맥주 페인트
- 거품 빠진 맥주는 집에서 손쉽게 바를 수 있는 페인트이다.
- 맥주의 녹말과 당분 성분이 작용해서 끈끈한 접착제 역할을 한다.
- 맥주 페인트를 이용해서 광택 페인트로 활용할 수 있다.
- 목재가구나 석고보드 같은 재료에 바르는 것이 좋다.

소금 페인트
- 천연 페인트로 소금, 물, 흙이나 안료를 넣어서 만든다.
- 일정시간이 지나면 소금이 녹지 않기 때문에 물을 넣어가면서 농도 조절을 하는 것이 필요하다.
- 소금에 계란흰자를 넣어서 사용하기도 한다.
- 잘 건조시킨 후 3회 이상 반복해서 바른다.

벽체 마감

흙벽 바탕면에 마감처리를 하지 않을 경우 흙이 부스러지거나 옷에 묻어나므로 마감처리가 필요하다. 흙벽에 다양한 색상을 부여하여 사용자에게 심미적인 만족감을 준다. 천연 재료인 풀이나 흙 페인트를 바탕면에 칠하거나 뿌려서 시공한다.

천연 재료

흙벽에 방수 또는 발수 성능을 부여하고 바탕면이 쉽게 떨어지지 않도록 내구성을 높여준다.

- 풀의 농도가 연할 경우 위에서 말한 효과가 잘 나타나지 않으며, 너무 진할 경우 건조 과정에서 흙벽 표면이 말려 올라가므로 풀의 농도에 주의가 필요하다.
- 느릅나무풀 : 느릅나무 및 껍질을 끓인 물을 사용하거나 여기에 풀을 쑤어 사용한다.
- 곡물풀 : 밀가루, 찹쌀, 율무 등의 재료로 풀을 쑤어 사용한다.
- 전분풀 : 감자, 옥수수 등을 재료로 제조된 풀을 물에 풀어서 사용한다.
- 해초풀 : 우뭇가사리, 노리, 도박, 수사 등의 해초를 끓인 다음 찌꺼기를 체로 걸러낸 후 사용한다.
- 아마인유 : 아마에서 추출한 기름으로 공기 중에서 딱딱하게 굳는 건성유로 미장면의 내구성을 높여 준다. 오동나무기름, 들기름, 해바라기씨유도 건성유에 속한다.

흙 페인트

밀가루를 이용하여 풀을 만들고 여기에 흙과 안료를 첨가하여 원하는 색을 표현할 수 있다.

흙 페인트 만드는 방법

❶ 물, 밀가루와 소금을 먼저 거품기로 혼합한다.

❷ 잘 섞인 밀가루 물에 흙을 넣고 데우면서 혼합한다.

❸ 안료를 첨가해 원하는 색상으로 표현할 수 있다.

물, 소금, 밀가루 준비

믹서기로 혼합

흙을 넣고 가열

페인트를 식힘

롤러와 붓을 이용해 바름

완성

시공 방법

❶ 시공 전 바탕면이 충분히 양생되었는지 검토한 다음 시공한다.

❷ 바탕면의 먼지 등 오염물질을 제거하고 시공할 부위를 제외한 나머지 부분을 보양한다.

❸ 갈라진 틈새나 홈을 바탕면과 동일한 재료나 퍼티 등으로 처리한 다음 양생한다.

❹ 바탕처리가 완료된 다음 붓, 롤러 등을 이용하여 기본 1회, 필요에 따라 그 이상 도장 가능하다.

❺ 재도장은 시공한 표면이 충분히 건조된 다음 실시하며, 20℃에서 최소 2시간 이상 경과 후 적용한다.

❻ 흙 페인트의 경우 수시로 저어주어 입자가 가라앉거나 뭉치는 것을 방지한다.

시공 사례

김제 지평선중학교

목포대학교 건축학과

바닥 마감

흙바닥에 습기가 올라오는 것을 막아서 습기가 건물을 관통하지 않게 하는 것이 중요하다. 바닥 마감 방법에는 흙바닥에 자연 재료로 마감을 하거나 한지, 돗자리 등을 깔아 사용하는 방법이 있다.

자연 재료 마감

흙바닥이 완전히 마르면 매끄럽게 정리하고 콩댐이나 아마인유를 이용하여 바닥을 마감한다. 시공 전에 바탕면에 발생된 균열, 틈을 처리할 경우 마감면이 더 깔끔하다.

콩댐

- 흙바닥이 완전히 마르면 바탕면에 이물질을 제거한 다음 콩댐을 이용하여 바닥 마감을 한다.
- 콩댐은 콩을 하루 정도 물에 불려 간 후 콩물을 짜낸 다음, 콩물과 들기름을 6 : 4에서 7 : 3의 비율로 섞어 사용한다.
- 콩댐을 붓으로 칠하며 기름이 한 곳에 머무르지 않게 골고루 바른다.
- 재래식 콩댐으로 불린 콩을 분쇄한 후 콩물을 내지 않고 들기름과 혼합할 경우 헝겊이나 무명주머니에 싸서 흙바닥 위에 여러 번 문질러 사용한다.
- 콩댐을 한지 위에 시공할 경우 치자물을 콩댐에 섞어 사용하면 고운 황색조를 띤다.

아마인유

- 아마인유를 바를 때는 아끼지 말고 듬뿍 발라 흙바닥에 충분히 흡수가 되도록 천천히 바른다.
- 아마인유로 마감된 바닥은 처음에는 냄새가 많이 나지만 시간이 지나면 사라지고, 점점 짙은색을 띠며 광택을 낸다.

- 아마인유를 쓰면 바닥면의 강도가 증가되고 일정정도의 방수력이 생기고, 먼지 발생을 방지한다.
- 완전히 건조시켜 재바름하고 3회 이상 반복해서 바른다.

한지 마감
- 한지나 광목천은 방바닥의 수분이 모두 마른 뒤에 깐다.
- 한지의 경우 초배지를 바탕면에 바르고 충분히 건조시킨 다음 30분 정도 물에 불린 후 표면을 말린 한지를 초배지 위에 붙인다.
- 한지가 모두 마르면 사용자의 취향에 따라 아마인유나 들기름을 3회 이상 바른다.
- 바르는 방법은 자연 재료 마감과 동일하다.

천연 페인트
- 흙바닥이 완전히 마르면 이물질을 제거한 후 카제인-아마인유를 바른다.
- 카제인은 일반 우유에 식초를 넣어 만든 우유 단백질로서 내구성을 높인다.
- 카제인 페인트는 마르면서 불투명해지기 때문에 완벽하게 마른 뒤 바른다.
- 얇게 3회 이상 반복해서 바른다.

시공 사례

콩댐 마감   한지 마감   카제인-아마인유 마감

외부 마감

건물 외벽의 경우 내벽의 부스러짐과 같은 문제와 심미적인 기능과 더불어 항상 외부에 노출되어 있기 때문에 물에 대한 저항성을 높이기 위한 작업이 반드시 필요하다.

전통 마감
- 기본적으로 내부 마감과 동일하나 수분으로부터의 벽체 보호에 더욱 신경써야 한다.
- 석회물에 우뭇가사리나 해초를 끓여 만든 풀물, 혹은 찹쌀풀 등을 섞어 바르면 점착성과 발수성 향상과 더불어 마감면이 쉽게 부스러지는 것을 방지할 수 있다.

천연 페인트
- 우유 단백질인 카제인과 아마인유를 섞어 만든 페인트로 서양에서 많이 사용하는 페인트이다.
- 자연스럽고 부드러운 질감의 천연 페인트이다.
- 카제인은 내구성이 높고, 기름과 물이 섞이게 하는 유화제 역할을 한다.

천연 페인트 만드는 방법
❶ 데운 우유에 식초를 넣어 카제인을 만든다.
❷ 만든 카제인에 두 번 끓여 식힌 아마인유를 섞는다.
❸ 흙이나 안료를 넣어 원하는 색상을 표현할 수 있다.

카제인 만들기   아마인유를 끓임   아마인유와 카제인 혼합

 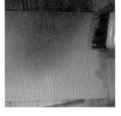 

흙과 물을 넣고 혼합   페인트 바르기   완성

석회 페인트

- 석회와 물을 섞어 만든 석회 페인트를 얇게 여러 번 발라 마감한다.
- 하얀 석회물을 바른다고 해서 '화이트 워시' 또는 석회(Lime)를 섞은 물이란 뜻의 '라임워시'라고 한다.
- 비가 많은 지역은 5회 정도, 그 이외의 지역은 3회에 걸쳐 여러 번 얇게 칠하고 5년마다 석회 페인트를 다시 칠해 주면 벽면을 견고하게 유지 가능하다.

친환경 발수제

- 가장 일반적인 방법으로 외벽에 방수제 혹은 발수제를 도포하는 방법이다.
- 방수 : 어떤 표면에 물이 침투하는 것을 완전히 봉쇄하기 위해 도막을 형성하는 것으로 물뿐만 아니라 공기의 침투도 막아 주는 작용을 한다.
- 발수 : 물이 침투할 때, 물에 반응하는 발수제 속의 분자가 팽창하여 물이 침투하는 길을 일시적으로 막았다가, 건조해지면 다시 분자가 수축하여 공기가 침투할 수 있는 기공을 열어 놓는 작용을 한다.

목재 보존 & 처리

- 외부에 노출된 목재 및 대나무의 방충 및 방습을 목적으로 한다.
- 오일 스테인이나 아마인유 등의 보존액을 바른다.
- 오일 스테인을 바르기 전 표면의 먼지, 이물질 등의 오염물질을 제거한다.

- 분무식 또는 붓이나 롤러를 이용하여 도포한다.
- 약제 처리 횟수는 3회 정도 하며, 시공 순서는 상부에서 하부로 실시한다.
- 매회 분무처리나 도포처리 후 건조 상태를 확인하고 다음 작업을 실시한다.

에너지 및 설비

친환경 건축의 한 방향으로서 흙건축은 그 중요성이 매우 높으며 많은 각광을 받고 있다. 이러한 흙건축은 국내뿐만 아니라 해외에서도 많은 사람들이 지역의 특성에 적합한 재료와 시공법을 활용하여 시행하고 있다. 또한 지역의 특성에 맞게 다양하게 발달된 흙건축은 사용된 재료와 공법에 따라 각기 다른 열특성을 가지고 있다. 이러한 열특성은 건축물의 난방과 냉방에 영향을 미치는 중요한 특성으로 사용자의 편의를 위해 건축물을 짓기 전에 고려해야 할 부분이다. 본 장에서는 국내에서 시공되고 있는 대표적인 흙건축 재료와 공법에 대한 열특성을 분석하고자 한다.

건축물의 열특성에는 단열의 개념이 많이 사용되고, 흙건축에서는 여기에 축열을 더하여 공법의 열특성을 판단한다. 축열의 판단은 사용된 재료의 열용량을 기준으로 판단하며 흙건축물은 높은 축열성을 가진다.

각각의 흙건축 공법은 이러한 열적 특성, 특히 열관류율 값이 지역의 특성에 따라 제시된 기준을 만족할 때 보다 쾌적한 환경을 조성할 수 있을 것으로 판단된다.

열특성

흙건축물은 다양한 재료와 공법에 의해 시공되며 사용된 재료들에 따라 건축물의 열특성을 결정한다. 일반적으로 건축물의 단열을 판단할 때는 건축 요소(벽체, 지붕 등)의 열관류율 값을 기준으로 판단한다. 열관류율은 사용된 재료가 가지고 있는 열특성에 근거하여 도출하는데, 건축물이 시공되는 지역과 건축물 요소(벽, 바닥 등)에 따라 건축물에 요구되는 값이 달라진다.

흙건축물은 일반적으로 높은 축열성을 가지고 있으며 축열성은 사용된 재료의 열용량에 의해 결정된다. 또한 흙건축물의 단열성능을 높이기 위해서는 열손실 범위를 줄이고 에너지 이용 계획에 의하여 효과적으로 사용할 수 있다.

열특성

재료의 열특성은 다양한 방법으로 표현되며 대표적으로는 열절도율, 열관류율, 비열, 열저항, 열용량을 들 수 있다.

열전도율(Thermal conduction rate, λ)
• 어떤 물질의 열전달을 나타내는 수치로, 물질 내에서 열이 전달되기 쉬운 정도이다.
• 건축에서는 보통 20℃에서의 열전도율을 표준치로 사용한다.
• 단위 : W/mk - 단위시간 동안 재료의 단위 m당 전달되는 에너지이다.

열관류율(Heat transmission coefficient, K)
• 벽체 양쪽의 온도가 다를 때, 고온 측에서 저온 측으로 열이 흐르는 정도이다.
• 재료의 두께에 따라 달라지며, 열전도율을 재료의 두께로 나눈 값이다.

- 벽체의 열관류율은 사용된 모든 재료들의 (열특성을 총체적으로 판단하며 열관율이 낮은 경우가 단열에 좋음) 합에 의해 판단한다.
- 건축물의 열에너지 손실 방지 성능을 판단할 수 있다.
- 단위 : kcal/m²h℃, W/m²k

열저항(Thermal resistance, R값)

- 재료를 통해서 열이 전달되는 것을 방해하는 성질을 나타내는 열특성으로 열저항이 클수록 열전도가 낮아 단열성이 좋다.
- 1/열관류율, 두께/열전도율로 계산한다.
- 단위 : m²k/W

비열(Specific heat, c)

- 단위중량(1kg)의 물질을 1℃ 올리는 데 필요한 열량과 물 1kg을 1℃ 올리는 데 필요한 열량과의 비이다.
- 비열은 물질의 온도 상승에 대한 기준이며, 비열이 작을수록 재료의 온도를 올리거나 내리기 쉽다.
- 단위 : kcal/kg·℃

열용량(Heat capacity, C)

- 물체의 온도를 1℃ 높이는 데 필요한 열량을 말하며, 물체의 중량 또는 질량과 비열의 곱으로 구하며 같은 물질의 경우 물질의 질량에 비례한다.
- 재료의 온도가 얼마나 쉽게 변하는지를 알려주는 값으로 열용량이 클수록 온도변화는 느리며, 일반적으로 재료의 열용량이 클수록 축열성이 좋다.
- 열용량[kJ/m³K, kcal/K]
  =비열×재료의 단위중량[비중×재료의 두께(m)]

주요 흙건축 재료 및 기타 재료의 열특성

재료 및 공법	열전도율 (W/mK)	비중 (kg/㎥)	비열 (kJ/kgK)	성 분
재래식 흙벽돌	0.4255	1,890	0.884	흙, 모래, 볏짚(3%)
흙다짐 공법	0.4760	1,840	1.092	흙, 모래
흙미장재	0.5372	1,910	0.754	흙, 모래, 볏짚(1%)
고강도 흙벽돌	0.5014	2,050	0.962	흙, 마사토, 고강도 석회
고강도 흙타설재 A	0.4105	2,140	0.905	흙, 마사토, 고강도 석회
고강도 흙타설재 B	0.5076	1,660	0.962	황토크리트, 모래, 골재
시멘트 벽돌	0.4577	1,800	0.942	시멘트, 모래
시멘트 몰탈	0.4116	1,830	0.916	시멘트, 모래
콘크리트	1.4000	2,300	0.880	시멘트, 모래, 자갈
스티로폼	0.0400	16	1.210	
훈탄	0.0450	113	1.193	
왕겨	0.0470	104	1.404	
볏짚	0.0400	67	1.308	

측정 방법

- 열전도율 : KS L 9016 보온제의 열전도율 측정 방법(요업기술원)
- 비중 : KS F 4004 콘크리트 벽돌(요업기술원)
- 비열 : ASTM E 1269 Specific Heat by DSC(한국과학기술원 열물성시험실)

계산 방법

- 열관류율 : $K = 1 / 열저항\ R$
- 열저항 : $R = 두께\ t(m) / 열전도율\ \lambda$

- 열관류율 :

$$K = \frac{1}{R_i + (t_1/\lambda_1) + \cdots + (t_n/\lambda_n) + R_n}$$

R_i : 실내표면열전달저항 (거실외벽 : 0.11)
R_0 : 실외 표면 열전달 저항 (거실외벽 : 0.043)
λ : 재료의 열전도율
t : 재료의 두께

흙건축 공법의 열특성 계산 예시

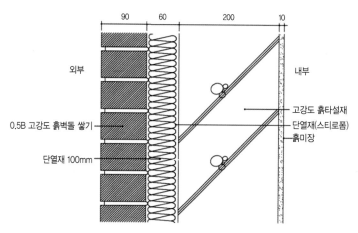

외부

90   60   200   10

내부

고강도 흙타설재
단열재(스티로폼)
흙미장

0.5B 고강도 흙벽돌 쌓기

단열재 100mm

고강도 흙타설재 + 조적조 벽체

- 열관류율(W/㎡K)

$$= \cfrac{1}{\left(0.11 + \cfrac{0.09}{0.5014} + \cfrac{0.06}{0.04} + \cfrac{0.20}{0.4105} + \cfrac{0.01}{0.5372} + 0.043\right)} = 0.43$$

지역별/부위별 열관류율 제한 표 〈개정 2013. 10. 1. 기준〉

(단위 : W/㎡ · K)

지역 건축물의 부위		중부지역[1]	남부지역[2]	제주도
거실의 외벽	외기에 직접 면하는 경우	0.270 이하	0.340 이하	0.440 이하
	외기에 간접 면하는 경우	0.370 이하	0.480 이하	0.640 이하
최상층에 있는 거실의 반자 또는 지붕	외기에 직접 면하는 경우	0.180 이하	0.220 이하	0.280 이하
	외기에 간접 면하는 경우	0.260 이하	0.310 이하	0.400 이하
최하층에 있는 거실의 바닥	외기에 직접 면하는 경우 바닥난방인 경우	0.230 이하	0.280 이하	0.330 이하
	외기에 직접 면하는 경우 바닥난방이 아닌 경우	0.290 이하	0.330 이하	0.390 이하
	외기에 간접 면하는 경우 바닥난방인 경우	0.350 이하	0.400 이하	0.470 이하
	외기에 간접 면하는 경우 바닥난방이 아닌 경우	0.410 이하	0.470 이하	0.550 이하
바닥난방인 층간바닥		0.810 이하	0.810 이하	0.810 이하
창 및 문	외기에 직접 면하는 경우 공동주택	1.500 이하	1.800 이하	2.600 이하
	외기에 직접 면하는 경우 공동주택 외	2.100 이하	2.400 이하	3.000 이하
	외기에 간접 면하는 경우 공동주택	2.200 이하	2.500 이하	3.300 이하
	외기에 간접 면하는 경우 공동주택 외	2.600 이하	3.100 이하	3.800 이하

1 | 중부지역 : 서울특별시, 인천광역시, 경기도, 강원도(강릉시, 동해시, 속초시, 삼척시, 고성
군, 양양군 제외), 충청북도(영동군 제외), 충청남도(천안시), 경상북도(청송군)

2 | 남부지역 : 부산광역시, 대구광역시, 광주광역시, 대전광역시, 울산광역시, 강원도(강릉시,
동해시, 속초시, 삼척시, 고성군, 양양군), 충청북도(영동군), 충청남도(천안시 제외), 전라
북도, 전라남도, 경상북도(청송군 제외), 경상남도

축열과 단열

- 자연적인 에너지 활용(passive)으로 화석연료의 사용을 최소화한다.
- 이중 외피 : 햇빛과 축열벽의 활용으로, 자연적인 난방과 환기로 에너지 부하를 상당량 줄일 수 있다.
- 이중 심벽 : 단열은 전통적인 심벽을 이중으로 설치하고, 친환경 단열재를 활용하여 해결한다.

작동원리
난방 및 환기

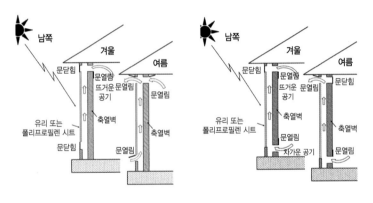

Passive 난방 시스템 개념도
(이중 외피 : 외부 개폐 방식)

Passive 난방 시스템 개념도
(이중 외피 : 내부 개폐 방식)

- 겨울 낮 동안 햇빛에 의해 축열벽이 따뜻해지고 이를 난방에 이용한다.
- 외벽과 축열벽 사이의 공기가 데워져 상부의 문을 통해 실내로 들어가 방을 데우는 원리이다.
- 여름 낮 동안에는 외벽 상부의 문을 열고 축열벽 상부의 문을 닫아 더워진 실내 공기가 외부로 빠져나가 환기가 이루어진다.
- 단일 외피에 비해 10~30% 정도의 에너지 절감 효과가 있다는 보고가 있다.

이중 심벽을 이용한 단열

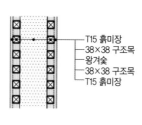

- T15 흙미장
- 38×38 구조목
- 왕겨숯
- 38×38 구조목
- T15 흙미장

이중 심벽의 구성(단면)

이중 심벽의 구성(사진)

다양한 공법으로 이중 심벽 활용 가능

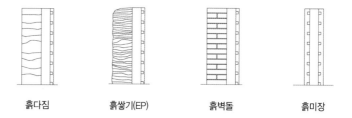

| 흙다짐 | 흙쌓기(EP) | 흙벽돌 | 흙미장 |

단열

- 전통건축의 심벽을 이중으로 설치하고 그 가운데 부분에 단열재를 채운다.
- 심벽은 대나무로 외를 엮기도 하고 각목을 붙일 수도 있으며, 여건에 따라 다양하게 구성 가능하다.
- 각목을 붙이고 나면 흙으로 틈새를 채워 넣고, 그 위에 미장마감을 한다.
- 심벽 이외에도 벽돌이나 다짐, EP 등 다양한 공법에 적용 가능하다.
- 단열재는 왕겨숯(훈탄)이 가장 좋으며, 단열 두께는 벽 100mm, 지붕 150mm 정도로 가능하지만, 벽 150mm 이상 지붕 200mm 이상을 권장한다. 경우에 따라 펄라이트나 다른 단열재를 쓰기도 한다.

배선 및 배관

전기공사

외부에서 인입

천정에서 인입 후 벽에 고정

천정등 인입

외부등

기초 설비 배관

화장실 또는 주방 부분 기초 설비
- 대변기 − ∮100 PVC PIPE
- 세면대 − ∮50 PVC PIPE
- 배수구 − ∮75 PVC PIPE
- 주방싱크대 − ∮100 PVC PIPE

주의 사항
- 대변기는 별도로 배관할 것
- 유수가 잘 흐르도록 적정 구배를 둘 것
- 기초 높이 이상 수직 배관을 올리고, 먼지
  나 빗물이 들어가지 않도록 테이핑 할 것

- 각 배관을 한곳에 연결
- ∮ 100 PVC PIPE 사용

주의 사항
- 정화조에 연결
- 유수가 잘 흐르도록 적정 구배를 둘 것

흙건축의 활용

흙집의 장점 생활 속에 이용하기

간편구들과 벽난로

한반도의 난방 방식 – 구들
구들은 한반도의 겨울을 지켜온 전통적인 가옥 난방 방법으로 아궁이에서 불을 지펴 열기를 보내 방바닥에 깔린 돌을 데우는 축열식 난방 방법이다. 복사와 전도, 대류의 열전달의 3요소를 모두 갖춘 독특한 난방기술이다.

간편구들은 전통구들의 열전달 원리 및 열효율을 활용하여 비용과 시공성을 개선한 구들로서 현대기술과 재료를 이용해 전통구들의 단점을 개선하려는 노력을 기울였다.

서양의 난방 방식 – 벽난로
서양의 대표적인 난방장치인 벽난로는 일반적으로 아궁이를 벽에 내고, 굴뚝은 벽 속으로 통하게 만든 난로를 말한다. 바닥을 데우는 난방 방식인 구들과 달리 벽난로는 공간 난방의 보조 수단으로 활용하였다.

다양한 시도
최근에는 공간난방을 할 수 있는 난로와 우리의 온돌처럼 바닥난방을 할 수 있는 축열의자나 축열침대를 결합시키거나 난로와 구들을 결합하는 다양한 시도들이 이루어지고 있다.

구들

구들은 한반도의 겨울을 지켜온 전통적인 가옥 난방 방법이다. '구운 돌'에서 유래된 말로 따뜻하게 바닥에서 열기를 발산한다는 의미로 흔히 '온돌(溫埃)'이라고도 한다. 아궁이에서 불을 지펴 열기를 보내 방바닥에 깔린 돌을 데우는 축열식 난방으로, 인류 역사와 첨단과학을 통틀어 가장 합리적인 난방기술이라고 할 수 있다.

구들의 우수성
- 복사와 전도, 대류의 열전달의 3요소를 모두 갖춘 독특한 난방 기술이다.
- 불의 열기뿐만 아니라 인류가 오랫동안 불필요하게 여겼던 연기도 난방의 핵심으로 활용하였다.
- 난방과 더불어 취사 및 습도 조절 능력으로 추위와 건강까지 생각한 우리 민족의 생활과학이다.

구들의 구조
- 구들의 구조는 크게 불이 타는 '아궁이(연소 부분)'와 연기와 불꽃(열)이 지나가는 '고래(채난 부분)', 연기가 빠져나가는 '굴뚝(배연 부분)'의 세 부분으로 나뉜다.
- 아궁이로부터 만들어진 불의 열기가 방바닥 아래의 고래를 따라 이동하면서 바닥 및 구들장 돌과 흙에 열이 저장되고 이것이 서서히 방열되면서 실내 온도를 따뜻하게 할 뿐 아니라 쾌적한 실내 환경을 유지시킨다.

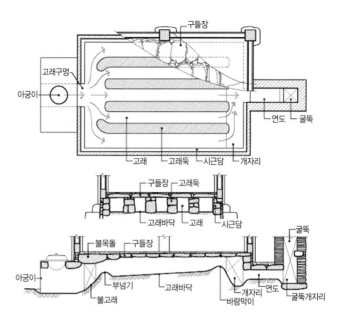

- 아궁이 : 불을 때는 곳으로 보통 부엌에서 부뚜막의 일부를 이룬다.
- 부뚜막 : 솥을 걸어 취사를 할 수 있도록 돌과 진흙으로 쌓아 부엌 바닥보다 높게 만든 시설이다.
- 부넘기 : 아궁이 속 안쪽 벽 상부에 고래로 통하는 구멍으로 불이 넘어가는 고개와 같아 '부넘기(부넹이)' 또는 '불고래'라 하고 좁혀진 목구멍 같다 하여 '불목'이라고도 한다. 연기의 역류(逆流)를 방지하고 열기가 고래 속으로 잘 빨려들도록 하는 기능을 한다.
- 고래 : 연기가 구들장을 데우며 지나가는 통로로 '방고래', '구들고래'라 하기도 하고 '연도(煙道)'라 하기도 하는데 뜨거운 연기가 잘 들어가도록 아궁이보다 높이 위치한다.
- 구들장 : 고래를 덮는 평평한 돌을 말하며 구들장은 엄밀한 의미에서 고래의 일부이며 그 밑의 고래를 통과하는 연기에 의해 가열되어 그 위의 방의 공기를 데워주는 기능을 하는 한편, 열을 저장하여 오랜 시간을 두고 방 안 공기를 데워 준다.
- 개자리 : 고래가 끝나는 부분에 고래의 끝부분보다 우묵하게 낮춘 곳으로 여러 줄의 고래로부터 연기를 한 곳으로 모아서 굴뚝으로 배출하는 기능과 연기의 역류를 막아 주는 역할을 하며, 또한 경우에 따라 있을 수 있는 빗물 같은 것이 고래 속으로 유입하는 것을 차단하는 역할을 한다.
- 굴뚝 : 집 밖에 세우는 연기 배출 장치로 아궁이가 구들 시설의 시작이라면 굴뚝은 그 끝부분을 이룬다.

분류

열전달 물질에 의한 분류

- 고래온돌 : 전통구들의 방식으로 고래에 의한 열의 이동으로 바닥을 데우는 방식
- 온수온돌 : 바닥에 온수파이프를 깔아 따뜻한 물이 열을 전달하여 바닥을 데우는 방식
- 전기온돌 : 열선이나 코일 등을 이용하여 전기적으로 열을 만들어 내어 바닥을 데우는 방식

구들 개자리에 의한 분류

함실식 아궁이 : 난방 전용
– 난방 전용으로 취사 기능이 없는 함실을 가짐

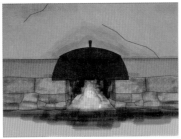

부뚜막식 아궁이 : 취사, 난방 겸용
– 부뚜막을 이용해 취사와 난방을 겸용

고래의 형태에 의한 분류

허튼고래 구들

곧은고래 구들

부채고래 구들

여러 아궁이 구들

대각선 구들

굽은고래 구들

되돈고래 구들

벽난로 연결형 간편구들 시공 순서

간편구들

❶ 방습지 깔기

❷ 훈탄 깔기(최소 150mm)

❸ 고래관 조립

❹ 고래관 설치

❺ 흙 메우기(고래 형성 및 고래관 고정)

❻ 와이어 메쉬 깔기(열전도 향상)

❼ 흙 메우기 및 바닥미장

벽난로

❶ 바닥면 벽돌 쌓기 ❷ 좌우 벽면 벽돌 쌓기 ❸ 아치 틀 제작

❹ 아치 틀 설치 ❺ 아치 쌓기 ❻ 벽난로 완성

간편구들(강제 순환식 구들)

간편구들은 전통구들의 열전달 원리 및 열효율을 활용하여 비용과 시공성을 개선한 구들이다. 현대 기술과 재료를 이용해 전통구들의 단점을 개선하고, 전통구들의 열기 통로인 고래를 현대적 재료인 연통으로 대체하여 고래의 시공이 용이하다.

특징
- 전통구들의 복잡한 내부구조 구현 및 구들장 등의 재료 사용이 불필요하다.
- 강제식 순환 방식으로 연기의 실내 유입이 적고 실내에 벽난로 형태로 시공이 가능하다.
- 연통의 주위에 흙을 채워 축열 효과 및 원적외선 방출 효과를 기대할 수 있다.
- 전통구들의 경우 아궁이부터 방바닥까지 두께가 두꺼운(보통 90~100cm) 반면 간편구들은 고래 및 구들 구조의 단순화로 바닥두께를 150~300mm로 최소화할 수 있다.
- 재료를 구하기 쉽고, 비숙련자도 비교적 쉽게 시공 가능하다.

구조
- 기본적인 구조는 전통구들의 연소–채난–배연의 구조를 따른다.
- 연기와 불꽃(열)이 지나가는 전통구들의 고래의 역할을 열전도율이 우수한 연통으로 대체하여 채난 효과 및 열기 통로의 역할을 하게 한다.
- 강제 순환식 팬을 활용하여 열기 순환을 원활하게 할 뿐만 아니라 초기 발생된 연기의 배출을 돕는다.

간편구들의 고래(연통) 구조

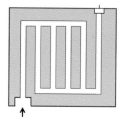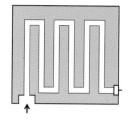

병렬식 : 열기를 방바닥 전체에 고르게 분산시킴   직렬식 : 단선구조로 열의 분산이 고르지 못함

벽난로 연결형 간편구들 개념도

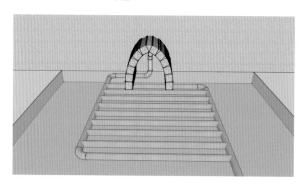

• 고래는 스파이럴덕트(125~150mm)를 사용하거나 벽돌을 이용
하여 만든다.

스파이럴덕트

〈단면도〉

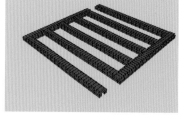

벽돌고래

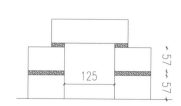

〈단면도〉

벽난로

벽난로는 서양의 대표적인 난방장치이다. 일반적으로 아궁이를 벽에 내고, 굴뚝은 벽 속으로 통하게 된 난로를 말한다. 바닥을 데우는 난방 방식의 구들과 달리 공간난방의 보조수단으로 활용하고, 열기를 직접적으로 전달하거나 벽난로 벽면에 열을 축열시켜 열기를 전달한다.

분류

벽난로는 크게 영국식 벽난로로 대표될 수 있는 단면 개방형 벽난로와 러시아 패치카로 대표될 수 있는 축열식 벽난로로 분류된다.

단면 개방형 벽난로

- 벽난로의 대표적인 형태로 화구가 크게 열려 있고 벽체 안으로 삽입 설치되고 단층 구조를 이룬다.
- 열기 통로가 단순해서 연소효율도 낮고 열효율도 20%로 낮다.
- 영국식 벽난로, 럼포드 벽난로, 로진 벽난로가 있다.

단면개방형 벽난로(럼포드 벽난로)

축열식 벽난로

- 벽면을 이루는 따뜻해진 벽돌로부터의 복사열난방이며 열용량이 커서 한랭지 난방에 적합하다.
- 우리의 구들을 수직으로 세워놓은 것과 같은 형태의 다층 구조의 열기 통로를 가진다.
- 열기가 곧바로 굴뚝을 통해 빠져나가지 못하도록 지연시켜 열을 저장하는 열기배출지연과 축열구조로 이루어진다.
- 일반적인 벽돌조적식 벽난로의 열효율은 평균 70~85%, 북미표준규격에 맞춘 벽돌조적식 벽난로의 경우 95~98%에 이른다.

러시아 패치카

photo : 흙부대 생활기술네트워크

최근에는 난로와 구들을 결합하는 다양한 시도들이 이루어지고 있는데, 여기에서는 벽난로의 화구는 틀이 필요없는 누비안 공법으로 쌓고, 열기가 간편구들을 통해 방바닥을 데우는 난방 방식으로 개방형 벽난로와 간편구들의 결합 방식을 다룬다

누비안 아치 공법

이집트의 누비아 마을에서 유래된 아치 공법으로 다른 아치 공법과 달리 아치모양을 위한 틀 제작 없이 아치를 쌓는 방법이다.

- 아치의 모양은 줄을 2점에 고정시킨 경우 줄의 자중에 의해 생긴 모양과 일치한다.
- 뒷벽을 지지벽으로 하여 벽돌을 약 65~70° 정도 기울여 쌓음으로써 하중을 뒷벽과 바닥으로 분산시켜 몰탈부의 단위면적당 하중이 작고 구조가 안정적이다.
- 시공이 비교적 쉽고 벽난로 등에 적용 가능하다.

시공 순서도

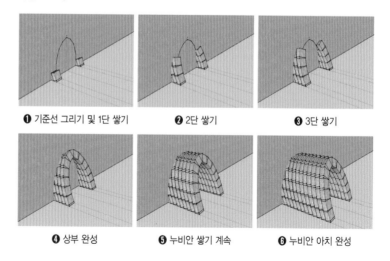

❶ 기준선 그리기 및 1단 쌓기   ❷ 2단 쌓기   ❸ 3단 쌓기

❹ 상부 완성   ❺ 누비안 쌓기 계속   ❻ 누비안 아치 완성

누비안 기준선 그리기

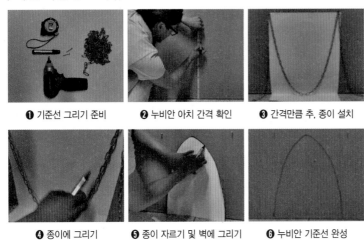

❶ 기준선 그리기 준비 ❷ 누비안 아치 간격 확인 ❸ 간격만큼 추, 종이 설치

❹ 종이에 그리기 ❺ 종이 자르기 및 벽에 그리기 ❻ 누비안 기준선 완성

누비안 쌓기

❶ 누비안 쌓기 1단 ❷ 누비안 쌓기 2단 ❸ 누비안 쌓기 – 상부

❹ 누비안 쌓기 – 1단 완성 ❺ 누비안 쌓기 – 계속 ❻ 누비안 쌓기 완성

황토 찜질방

1. 친환경 재료로서의 흙의 성질
   · 흙의 물성과 반응원리
   · 최밀충전 효과

2. 흙건축의 공법과 물의 이용 방법
   흙을 이용한 다양한 공법(흙다짐, 계란판 공법, 메주공법, 흙미장)과 그에 따른 함수관계

3. 전통구들의 구조
   전통구들의 구조를 이해함으로써 취사와 난방을 동시에 이뤄낸 선조들의 우수한 과학을 알게 한다.

4. 돔 시공
   목재나 다른 기둥재를 사용하지 않고 순수 흙과 흙벽돌만을 사용한 돔 시공 방법 지도

최근 베이비붐 세대가 속속 은퇴 시기를 맞으면서 시니어 창업에 대한 수요는 과히 폭발적으로 커지고 있다. 이와 더불어 Well-Being, 귀농, 귀촌바람으로 인해 흙집에 대한 관심과 수요도 꾸준히 증가하고 있는 실정이다. 이런 두 가지 수요를 모두 충족해 줄 수 있는 아이템으로 베이비붐 세대들에게 익숙한 흙과 구들이라는 키워드를 가지고 친환경 황토 찜질방을 계획하였다.

흙과 구들은 대부분의 우리 부모님 세대가 겪어 본 우리의 전통이라 할 수 있다. 그렇기 때문에 그 어느 분야보다 쉽게 배울 수 있고, 시니어의 경험과 사회적 네트워크를 활용하여 동세대들의 사회적 욕구를 충족시켜 줄 수 있을 것이라 생각된다. 또한 시멘트를 전혀 사용하지 않고 친환경 재료의 대표라 할 수 있는 황토와 흙벽돌을 이용함으로써 현대 사회의 큰 트렌드로 떠오르고 있는 친환경적인 욕구 또한 충족시킬 수 있을 것이다. 마지막으로 찜질방을 짓는 공법에 있어 다른 곳에서 많이 시도되고 있지 않는 돔 공법을 시도함으로써 독창성과 경쟁력을 갖게 하였다.

친환경적인 재료, 지속적으로 증가되고 있는 흙집에 대한 관심과 수요, 그리고 다른 곳에서 시도되고 있지 않은 독창적인 시공법, 이 모두가 성공적인 시니어 창업을 위한 조건을 충족시킬 수 있을 것이라 생각된다.

황토 찜질방

- 흙건축에 대한 대안적인 정보를 제공하여 작은 규모의 흙건축 활동으로의 활용을 권장한다.
- 흙건축 이론과 실습을 통해 실용적인 공간 실습 및 교육에 적용한다.
- 흙건축의 다양한 공법뿐만 아니라 전통구들 또는 간편구들과의 조합의 활용을 해볼 수 있다.

목적

지금까지 흙건축과 관련하여 배운 이론을 바탕으로 황토 찜질방을 직접 만들어 보도록 하자. 이 실습을 해봄으로써 다음과 같은 효과를 얻을 수 있다.

- 흙건축에 관한 기본 지식을 바탕으로 집에 딸린 부속 미니하우스로 찜질방이나 사랑방, 휴게실 등의 주거가 아닌 저가형 쉼터를 만들어봄으로써 흙건축을 확대 재생산할 수 있다.
- 흙건축 공법에 따라 소규모의 황토 찜질방을 시공해 봄에 따라 건축 행위 전반에 대한 이해를 높이고, 향후 집을 짓는 데 도움이 된다.
- 흙건축뿐만 아니라 전통구들의 원리와 난방 방식에 대한 이해를 높일 수 있다.

관련 프로그램
- 흙건축 조적실습이론 및 배합
- 기초 쌓기 및 함실 쌓기
- 이중구들 하단과 구들장 놓기
- 이중구들 상단과 구들장 놓기
- 돔 벽체 하부와 출입구 쌓기
- 굴뚝 쌓기와 돔 벽체 상부 쌓기
- 내부 미장과 불 지피기

시공 순서

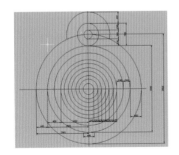

기초 직경 3.8m, 내부 2m, 외벽 0.4, 함실폭 0.4m

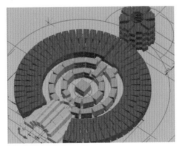

아치형 함실, 길이 0.8m, 연도직경 0.3m

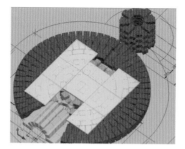
간편구들장 0.6×0.6×0.03m, 벽돌 3단 하부구들

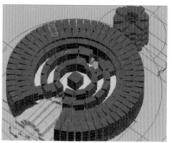
상부구들 벽돌 4단 쌓기

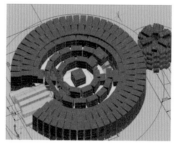
머릿돌 부위 철재를 이용 구들장 보호하기

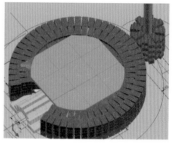
간편구들장 0.6×0.6×0.05m 놓기

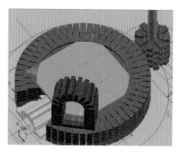
출입문 구성 폭 0.6, 높이 0.8m 아치형

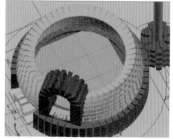
돔 하단 구성, 벽돌 한 장, 맞물려 끼어쌓기

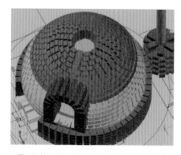
돔 상단 구성, 벽돌 한 장, 맞물려 끼어쌓기

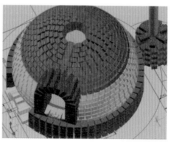
연통 0.3m, pvc파이프 직경 0.2m 세우기

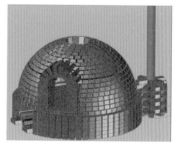
실내 내부직경 2m, 천창 직경 0.4m

공정 실습

기초 타설, 비닐깔기, 높이 0.1m

기계 비빔, 석회, 황토, 모래(1:3:3)

함수량의 범위, 접착력이 최적 상태 확인

중심점에서 외단 위치 표시

물축임 후 황토 모르타르 바르기

모르타르 바르기, 고무망치와 수평자 이용 시공

함실부, 함석과 스티로폼을 이용한 틀 구성

함실부와 고래 폭 0.15m 간격

함실과 고래 6길 그리고 연도 구성

벽돌 물축임, 흙바르기, 벽돌쌓기로 시공

재료 모으기, 비비기, 나르기로 구성

구들장은 흔들리지 않도록 상하단 고정

출입문 틀세우기, 구들장 새침, 초벌 미장하기

출입문 2단 아치형 세우기

하단부 돔쌓기

돔 쌓을 때 반원형 기준틀 제작 후 설치

구들장이 굳지 않을 경우 합판작업대 설치

돔 상단부 쌓기

돔쌓기 후 실내외 미장과 불 지피기

흙건축 감성 교육 프로그램

흙을 활용한 건축 교육

　　학생들이 쉽고 안전하게 건축 교육을 진행할 수 있는 프로그램이 필요한데, 현재의 건축 교육은 전문화된 기자재와 도구를 활용한 교육과정으로 구성되어 학생들이 건축 분야의 접근이 쉽지가 않다. 이에 비해 흙을 활용한 건축 교육은 특별한 기자재와 도구가 필요하지 않아 쉽고 안전하게 건축 교육을 진행할 수 있다.

청소년 흙건축 체험 교육 프로그램 소개

　　본 장에서는 자연 재료인 흙을 중심으로 건축 분야에 관한 이론과 실습을 다양한 방식으로 체험해 볼 수 있는 교육 프로그램을 소개하고자 한다. 이 프로그램들을 통해 학생들이 흥미를 갖고 완성도 높은 건축 활동을 해보는 계기가 되기를 바란다.

　　청소년 흙건축 체험 교육 프로그램은 3단계로 난이도를 다르게 하여 구성하였다. 첫 번째 단계는 흙과 친해지는 놀이로 흙을 반죽하고 던져보는 오감을 자극하는 프로그램을 중심으로 구성하였고, 두 번째 단계는 흙으로 만들기 놀이 프로그램으로 흙을 이용하여 자연과 환경에 대한 주제로 조형적인 요소를 적용하여 구성한 프로그램이다. 세 번째 단계는 놀이처럼 배우는 흙건축 프로그램으로 건축 분야의 다양한 과정들을 청소년들이 쉽게 이해할 수 있도록 재구성하여 프로젝트를 기획하는 단계에서부터 설계, 시공 분야의 일면을 확인할 수 있도록 프로그램이 구성되었다.

흙과 친해지기

    흙과 친해지기 프로그램은 신체의 오감을 구체적인 경험을 통해 본인에게 적절한 방식으로 환경을 탐색하고 학습할 수 있도록 한다. 활동을 통해 소근육, 대근육의 발달을 도모하고 흙이라는 재료에 대하여 친숙하게 다가갈 수 있도록 구성하였다.

주요 프로그램

흙 반죽하기

- 목적 : 흙과 친해질 수 있도록 전통놀이와 결합하여 흥미로운 주제가 될 수 있는 프로그램을 운영한다.
- 목표
  - 흙을 만지고 느끼는 기본적인 오감을 활용한다.
  - 서로 협동하고 고민하는 활동 시간을 중점적으로 운영한다.
- 기대 효과 : 흙이라는 재료에 대한 아이들의 인식을 변화시키고, 자연 재료를 통해 진행되는 프로그램 구성으로 생활 속에서 문제 해결력을 키운다.

마른 흙을 만져보며 흙의 상태 확인

깃발 게임 등을 이용한 흙의 상태 실험

물이 첨가된 흙을 이용하여 다양한 모양 형성

흙을 반죽하여 공 형태의 모양 제작

공모양의 반죽에 색을 뿌려가며 형태 표현

얼굴모양의 흙반죽 완성

흙 던져보기

- 목적 : 흙을 공 모양으로 반죽하여 정확한 위치에 던져보며 눈과 손의 협응력을 키우는 프로그램이다.
- 목표
  - 흙에 물을 넣어가며 사용 용도에 맞는 흙반죽을 만들어 낼 수 있다.
  - 정해진 장소에 흙공을 던지면서 거리감을 알아 갈 수 있다.
- 기대 효과 : 다양한 방법의 현장체험의 기회를 제공함으로써 자연재료에 대한 흥미 유발하고, 자연속에서 즐기며 단체활동의 협력심을 키워갈 수 있다.

자연속에서 흙을 찾아 재료 준비

물을 첨가하며 흙 반죽 제작

던지기 쉬운 모양과 크기 설명

흙반죽을 이용하여 던지기 할 반죽 형태 제작

제작된 흙 반죽을 이용한 멀리던지기

정확한 위치에 흙 반죽 던지기

흙으로 만들기

　흙으로 만들기 놀이 프로그램은 흙을 이용하여 자연, 환경과 관련된 주제로 조형적인 요소를 적용하여 구성된 프로그램이다.

　흙을 이용한 만들기를 진행하는 과정으로 끝나지 않고 실제로 사용 가능하고 자연과 환경교육에 도움이 될 수 있는 내용들로 교육을 운영해 보면 좋다.

주요 프로그램
흙으로 화분 만들기

- 목적 : 흙으로 화분 틀을 제작한 후 다육식물을 심어 키울 수 있도록 하는 프로그램이다.
- 목표
  - 흙을 만지고 느끼는 기본적인 오감을 활용한다.
  - 식물을 키우는 공간을 만들면서 생명에 대한 소중함을 확인한다.
- 기대 효과 : 흙반죽을 통해 모양을 표현하고 꾸미기 활동을 통해 자유롭게 생각을 표현하면서 상상력과 창의력이 발달한다.

모양을 형성할 수 있는 반죽 상태 제작

반죽 후 다양한 화분 형태 구상 및 표현

반죽된 흙을 이용하여 화분 틀 제작

다육식물을 심고 화분틀 꾸미기

손으로 반죽하여 표현한 흙화분 완성

기자재를 이용한 흙다짐화분 완성

미생물(EM)을 이용한 흙공 만들기

- 목적 : 흙공 만들기를 통해 환경과 생태에 대한 현 상황을 인지하고 실천할 수 있다.
- 목표
  - 흙과 EM 발효액으로 원하는 반죽을 형성한다.
  - 흙공을 반복적으로 만들어 내며 정확한 크기와 모양을 제작한다.
- 기대 효과 : 자연을 재생시킬 수 있는 흙공을 만들면서 환경보호에 대한 인식의 변화를 가져올 수 있고, 하천 답사와 직접 흙공을 던져 넣으며 환경보호를 실천할 수 있다.

영상자료를 통한 환경에 대한 문제 인식

물을 첨가하며 필요한 흙반죽을 제작

공 모양의 흙공을 제작

제작된 흙공을 일정기간 동안 건조

발효된 흙공의 모습

하천, 강 등에 일정거리를 두며 던지기

놀이처럼 배우는 흙건축

　　건축 분야의 다양한 과정들을 청소년들이 쉽게 이해할 수 있도록 교육 프로그램을 구성한다. 주변의 생활용품을 활용하여 진행하는 쌓기와 조형물의 제작을 진행하거나, 프로젝트를 기획하는 단계에서부터 설계, 시공 분야의 일면을 확인할 수 있도록 학생들이 살고 있는 지역과 환경에 중심을 두고 프로그램을 구성하면 좋다.

주요 프로그램
수수깡을 이용한 공간 구성
• 목적 : 현재 살고 있는 주거 공간을 표현하고 필요한 공간을 추가로 표현한다.
• 목표
　– 내가 살고 있는 나의 방, 집의 공간을 구체적으로 표현한다.
　– 수수깡을 이용하여 모형을 제작한다.
• 기대 효과 : 재료의 특징을 부각시켜 살고 있는 공간과 필요한 공간을 설명하며 건축주, 건축가의 역할을 수행한다.

내가 살고 있는 집의 공간을 설명

표현할 재료의 크기를 일정하게 제작

부재별로 개인 역할 설정

준비된 재료를 핀으로 고정

개별 부재 완성

전체 공간 구성 및 표현

모형벽돌을 이용한 공간 구성

- 목적 : 집이라는 한정된 공간 이외에도 주변 환경을 가꾸고 공동 체를 확인할 수 있는 프로그램으로 구성한다.
- 목표
  - 인원과 집의 규모를 설정하고 구체적인 모양과 크기를 표현 한다.
  - 발표를 통해 구상한 공간을 설명한다.
- 기대 효과 : 스스로 사고하고 만들며 자기 주도적인 학습을 진행 하게 되고, 자기 주장을 정확히 말하며 개인과 팀별 활동을 구별 하며 진행한다.

팀별 공간 구성에 대한 토의 진행

토의를 통한 최종 계획 설정

준비된 도안을 통해 공간 구성 연습

표현된 공간을 설명

주거 공간의 표현

완성된 공동체의 공간

부록

우리나라 흙건축 사례

Q & A

테라 패시브 하우스

우리나라 흙건축 사례

건축 재료로서의 활용 가능성이 커
지고 있는 흙

흙은 앞으로 가장 유용하게 쓰일 수 있는 건축 재료임에 분명
하다. 우리 곁에서 주거를 위한 중요한 소재로서 존재하여 왔고,
그 소임을 지금도 묵묵히 하고 있다. 이제는 주거뿐만이 아니라 학
교, 성당, 리조트 등등 다양한 분야에서 다양한 형태로 우리를 맞
이하고 있다. 철근과 콘크리트로 지어야 할 것들을 이제는 흙으로
도 충분히 할 수 있다는 것을 보여주고 있는 것이다. 이제 흙의 무
한한 잠재력을 보여 줄 시기가 된 것이다.

본문에서는 흙으로 집짓기 위한 기초, 벽체, 지붕, 구들, 에너
지 등을 중심으로 정리하다 보니 흙건축을 제대로 다 표현하지 못
한 한계가 있어서 우리나라 흙건축 사례들을 공법에 따라 나열해
놓았다.

이러한 것들을 통하여 흙건축에 대한 관심과 이해를 높이고 흙
건축 발전을 위한 영감을 불러일으키기를 기대한다.

흙쌓기 공법

양평 오커빌리지 팬션

함안 여어당

풍기 지애당

수계교당

오미골 야생촌 농원

경기도 연천군

담양 슬로시티 방문센터

목포대학교 발효차 실험실

흙다짐 공법

순천 응령리 주택

유동리 주택

비야리 해안당

경상북도 안동 주택

경기도 가평 주택

무주 된장공장

전라북도 변산 주택

충청남도 홍성군 주택

양평 오리온 연수원

홍천 내면성당

천호 성지 부활성당

영월 주택

경기도 곤지암리조트

경남 산청 주택

영천 주택

충북 괴산 생태체험관

흙벽돌 공법

김제 지평선중학교

한강 반포 나들목

출판사 열림원

파주시 에코센터

천안 환경센터

포항 베들레헴 공동체 복지시설

포항 동호인 주택

양평 산촌 생태마을

경기도 가평 펜션

가평 골프장 클럽하우스

여주 주택

충남 주택

강원도 양양 펜션

목포 어린이집

스트로베일 공법

강원도 인제 곰배령 펜션

경기도 포천 주택

경기도 이천 주택

명상 치유센터 옹달샘

전북 완주군

원주시 나무 카페

경남 산청

김해 숲길 어린이집

흙미장 공법

김제 지평선 중고등학교

목포 생태연구소

용인 대대리 주택

서울 도깨비 어린이방과 후 학습터

영암 어린이집

인천 어린이집

당진 한옥 어린이집

마을회관 거실

Q & A

과거 우리나라 사람들은 흙으로 집을 짓고 살아왔다. 그래서 흙으로 집을 짓는다는 것이 조금 쉽게 다가올 수도 있다. 그러나 쉽게 생각하다 보면 그냥 지나칠 수 있는 부분이 많다. 그냥 지나 쳤던 부분들이 나중에 가면 흙건축에 대한 오해와 궁금증으로 자리 잡게 된다. 잘못 알고 있거나 오해하고 있는 부분들에 대해 질의, 응답을 통해 어느 정도 해소하고자 한다

그리고 최근에는 흙건축을 공부하려는 사람들이 많아지고 있 다. 배우려고 하는 학생들, 흙건축 비전문가들이 궁금해했던 것들 과 기초 지식까지 세세하게 알려주고자 한다.

본 장은 본문에서 다뤘던 내용들을 바탕으로

1. 흙건축의 이론
2. 기초
3. 벽체
4. 지붕
5. 구들과 벽난로

에 대한 궁금증을 풀어나가는 형식으로 설명하였다.

흙건축 이론

Q. 황토와 흙의 차이점이 있나요?

A. 황토는 흙의 한 종류로 일반적인 황토의 정의는 빛깔이 누르고 거무스름한 흙으로 되어 있지만 우리나라의 황토는 기반암의 풍화에 의하여 형성된 황색-적갈색의 토양으로 'Hwangtoh'라는 용어를 사용합니다.

Q. 흙으로 집을 지을 때 어디 흙이 좋나요?

A. 집을 짓기에 좋은 흙이 있는 것이 아니라 그 지역의 흙을 이용하는 것이 가장 좋습니다.

Q. 어떤 흙을 사용해야 하나요?

A. 흙건축 공법에 따라 구성물 입자 비율을 조절하여 사용해야 합니다. 흙다짐 공법에는 큰 자갈, 작은 자갈, 모래, 실트 등이 적절한 비율로 섞여 있어야 하고, 흙벽돌 공법은 큰 자갈과 작은 자갈이 적게 포함되어 있어 손으로 반죽하고 작업하기에 용이해야 하며, 흙심벽의 공법은 자갈이 거의 들어 있지 않고 균열 방지를 위해 모래를 혼합해 사용해야 합니다. 마지막으로 흙미장 공법의 흙에는 자갈류는 혼합되어 있지 않고 점토, 실트, 모래가 적절히 혼합되어 있어야 합니다. 흙미장 공법에서 쓰는 흙의 모래 비율은 다른 공법의 경우보다 훨씬 중요합니다. 자갈이나 모래가 전혀 혼합되지 않은 매우 작은 입자들은 결합재 역할을 하는 점토의 함유량이 매우 낮아 견고함이 부족하고 부서지기 쉬워 건축에서 사용할 수 없습니다.

Q. 적절한 흙의 구성비는 어떻게 되나요?

A. 이상적인 흙의 구성비로는 점토 10%, 실트 20%, 모래와 자갈 70%입니다. 하지만 우리나라의 흙의 구성비는 점토와 실트가

대부분을 차지합니다. 좋은 흙을 사용하기 위해서 점토나 실트를 추가하기보다는 자갈과 모래를 추가하여 비율을 맞춰주는 것이 좋습니다.

Q. 흙은 공법에 따라 물의 양이 다른데 그 방법을 아는 법이 있을까요?

A. 낙하시험은 건축 재료로 사용되는 흙의 최적 수분 함유량과 흙의 기본 성질을 알기 위한 시험입니다. 흙을 지름 4cm 크기의 볼 형태로 만들어 1.5m 높이에서 단단하고 평평한 바닥 위로 그것을 떨어뜨렸을 때 흙덩어리가 4~5 덩어리로 부서지면 수분의 양은 적당한 것이고 덩어리가 분해되지 않고 납작해지면 수분의 양이 많은 것입니다. 그리고 덩어리가 작은 조각으로 산산히 부서지면 그 흙은 너무 건조한 상태로 수분이 더 필요하다는 것입니다.

Q. 흙과 섬유를 같이 사용하는데 그 이유가 있나요?

A. 섬유는 흙의 역학적 특성을 개선하기 위한 보강재로 사용됩니다. 섬유의 일차적 목표는 취성을 개선시키는 것입니다. 또한 흙과 혼합하여 사용하였을 때 건조수축으로 인하여 발생하는 균열을 제어하여 주며, 흙 혼합물 내부에서 섬유로 인하여 발생되는 공극을 통하여 수분이 외부로 배수되는 능력을 향상시켜 흙의 건조를 빠르게 합니다. 그리고 밀도를 줄여 재료를 가볍게 하고 단열 성능도 향상시키며 인장강도도 증가시킵니다.

Q. 섬유의 종류는 어떻게 되나요?

A. 식물질 섬유(짚 섬유, 종자모 섬유, 인피섬유, 엽맥 섬유, 과실 섬유), 동물질 섬유(수모섬유, 견 섬유), 광물질 섬유(인공섬유, 천연섬유) 등이 있습니다.

기초

Q. 지면으로부터 기초가 얼마나 올라가야 하나요?

A. 비올 때 물이 튀지 않고 물이 차지 않는 높이 정도(30cm~90cm), 지붕처마의 길이, 그 지역의 강수량, 건축 현장의 지형 등에 따라 달라집니다.

Q. 기초 시공을 위해 얼마나 파야 하나요?

A. 동결선 또는 동계심도에 대한 정확한 정보는 해당 행정구역 건축과에 가면 알 수 있습니다.

Q. 어떤 기초 방식을 선택해야 하나요?

A. 어떤 기초를 선택할 것인가는 건축물의 규모와 건축 방식에 따라 다릅니다. 또한 건축물보다 먼저 고려할 점은 건물이 들어서는 땅의 성질입니다. 규모가 작은 소규모 주택이라면 벽체 밑에만 놓는 줄기초면 충분하고 간척지 등 연약지반이라면 건축물 바닥 전체에 걸쳐 콘크리트를 까는 통기초를 깔아야 건축물의 하중을 잘 견딜 수 있습니다. 이처럼 기초는 집지을 땅의 성질과 건물의 규모와 하중을 고려하여 결정해야 합니다.

Q. 기초 전 바닥에 자갈을 까는 이유?

A. 첫째 바닥에 자갈을 까는 이유는 바닥으로부터 올라오는 습기를 막기 위한 목적과 지반의 융기침하로 인한 변형을 흡수하기 위해서입니다. 땅에서 올라오는 습기는 자갈 사이의 공극을 통해 지반으로 배출됩니다. 또 비닐을 함께 깔아주면 땅에서 올라오는 습기를 막아주어 방습과 방수에 도움이 됩니다. 둘째 자갈과 자갈은 지반에서 힘이 가해지면 저절로 자리를 잡으며 서로 미끄러지기 때문에 지반의 변형에 의한 건축물의 변형을 막게 되는 것입니다. 단 보일러 배선 후 배선 주변에 까는 자갈은 축열이 목적입니다.

Q. 석회를 사용하지 않는 공법의 기초가 있나요?

A. 전통기초방법인 물다짐 기초 공법이 있습니다. 물다짐 공법은 자갈, 모래, 물을 이용하여 기초를 칩니다. 먼저 자갈을 9cm 정도 깔고 그 위에 모래를 3cm 깐 다음 물을 적셔주듯 뿌려 모래가 자갈 사이에 잘 스며들게 하여 최밀충전 효과를 일어나게 하는 방식입니다. 물이 적을 경우에는 물을 계속 뿌리며 자갈과 모래를 채워 넣어야 합니다.

Q. 기초터파기 할 때 지하수와 정화조, 개수구멍의 배수구 등의 인입연결선은 어떻게 하나요?

A. 동결심도 밑으로 파고 시공을 하여야 합니다. 기초를 어떤 방식으로 하기 전에 미리 실내 공간 위치에 따라 상수, 하수, 기본 전기배선(전화선, 인터넷선 등 포함) 원선을 연결합니다. 상수는 먼저 보일러실 위치로 보내놓고 해야 합니다. 하수는 화장실, 싱크대 위치에서 정화조까지 연결해서 미리 설치해야 합니다.

벽

Q. 벽을 만들 수 있는 흙기술은 몇 가지나 있나요?

A. 100가지 넘는 흙건축 공법이 있으며 주요 5대 공법으로 분류할 수 있습니다.

Q. 흙의 장점들을 잘 살릴 수 있는 최소의 벽두께는 얼마인가요?

A. 두께 1cm 이상만 되어도 흙이 갖는 여러 특성이 발현됩니다.

Q. 하루에 어느 정도 높이만큼 쌓아야 하나요?

A. 아래쪽의 흙이 완전히 마르지 않은 상태에서 위쪽을 많이 쌓게 되면, 아래쪽의 흙이 주저앉게 되므로 흙쌓기 공법의 하루 작업 높이는 40~50cm 정도로 합니다. 이외에 흙다짐이나 흙벽돌 공법들은 높이의 제한 없이 벽체를 만들어도 무방합니다.

Q. 비에 약한 외벽을 보호하는 방법은 무엇인가요?

A. 전통방식의 마감방법이나 현대식의 친환경 발수제를 사용합니다.

Q. 흙을 쌓다가 배부르거나 쳐졌을 경우 대처하는 방법은 무엇인가요?

A. 일단은 공사를 중단해야 합니다. 배부르거나 쳐진 부분에 합판을 대서 면을 다시 잡은 후 공사를 이어나가야 합니다. 하지만 배가 많이 부르거나 많이 쳐졌을 경우 공사를 멈추고 다 마른 후 시공하고, 배가 부른 부분은 나중에 깎아내는 방법이 있습니다.

Q. 벽돌 만들 때 콩기름을 사용하는 이유는 무엇인가요?

A. 일반적으로 벽돌을 만들 때 틀을 제작한 후 틀 안에 흙을 넣어서 만들게 되는데 흙을 넣은 후 틀에서 뺄 때 쉽게 빠지기 위해서 콩기름을 사용합니다. 콩기름뿐만 아니라 들기름이나 다른 기름도 사용하여도 좋은데 값이 싼 콩기름을 많이 사용합니다.

Q. 흙벽의 표면처리방법은 어떤 것들이 있나요?

A. 표면처리방법으로는 흙미장과 자연 상태로 두거나 혹은 기와를 박아서 표면을 처리할 수도 있습니다. 또한 스탬프를 찍어서 동일한 패턴으로 하는 방법과 아마인류로 코팅을 하거나 다양한 색상이 가능한 안료를 사용하는 경우도 있습니다.

Q. 흙미장 후 도배를 하지 않으면 먼지가 떨어지는 흙미장 보강재에는 어떤 것들이 있나요?

A. 천연 흙미장 보강재에는 느릅나무풀, 해초풀, 우뭇가사리풀, 찹쌀풀이 있습니다. 이들 재료들을 끓여 끈적한 풀을 만든 후 흙미장 면에 바르거나 미장반죽과 섞어 바르면 방수나 발수 성능을 높여줍니다. 아마인유는 천연 오일로 공기 중에서 딱딱하게 굳는 건성유로 외벽 발수제나 바닥면의 내구성을 높여줍니다.

지붕

Q. 천연 단열재에는 어떤 것들이 있나요?

A. 식물성 단열재, 동물성 단열재, 볏짚, 훈탄 등이 있습니다.

Q. 처마의 길이는 어느 정도가 적당한가요?

A. 지역마다 각각 다르지만 일반적으로 약 $30°$ 내외로 50~120cm 의 길이로 합니다.

Q. 보와 지붕이 만나는 곳의 결합은 어떻게 하나요?

A. 이음 및 맞춤을 하거나 목재를 옆에 덧대어 결합시킵니다.

Q. 지붕 사이에 공기층을 만드는 이유는 뭔가요?

A. 공기층이 열적 완충 공간으로 활용되어 냉난방에너지를 절약하 기 때문입니다.

구들 및 벽난로

Q. 구들을 놓는 형식은 몇 가지가 있나요?

A. 구들은 고래가 만들어내는 공간 안에 열을 가두고 조절하는 구조를 가집니다. 때문에 구들을 놓는 방식은 고래의 종류에 따라 매우 다양합니다. 일자고래(나란히 고래), 허튼 고래, 부채 고래(선자고래), 맞선 고래, 복식 고래, 굽은 고래, 자유 고래 등이 있습니다.

Q. 연통의 직경은 어느 정도가 적당한가요?

A. 125~150mm 정도가 적당합니다.

Q. 오랫동안 축열하는 방법이 있을까요?

A. 연소부로부터 멀고 바깥 굴뚝이나 연통 쪽에 가까운 곳일수록 깊숙이 수평연통을 깔아야 하고 저장된 열기는 천천히 그리고 은근히 바닥 표면으로 올라옵니다.

Q. 단열재로는 어떤 것들이 적당한가요?

A. 쉽게 구할 수 있는 단열재로는 숯, 나무재, 왕겨 등이 있고, 제품으로 판매되는 단열재로는 부석, 질석, 진주암이 있습니다. 단열재는 공극을 갖고 있고, 밀도가 낮으며 가벼운 특징을 갖고 있습니다. 진흙반죽과 섞어 사용하기도 하고 공간을 채울 때는 반죽하지 않고 마른 흙과 섞어 사용합니다. 하지만 진흙을 많이 섞으면 단열 성능이 떨어진다는 점에 유의합니다.

테라 패시브 하우스(Terra Passive House)

에너지 절감 흙집짓기

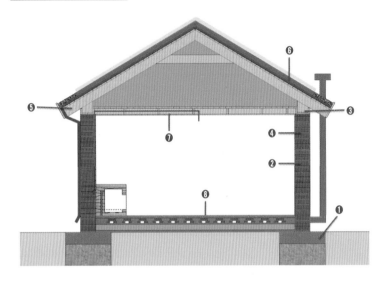

1. 기초
2. 기둥
3. 테두리보
4. 벽체
5. 서까래
6. 옥상녹화
7. 전기 배선
8. 간편구들 & 벽난로

❶ 기초 타설

터파기 → 물다짐 → 철근(전산볼트) → 고강도 흙타설

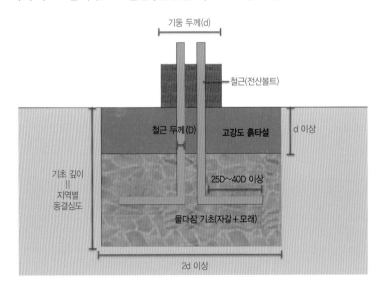

❷ 기둥

거푸집제작 → 기둥(고강도 흙다짐) → 거푸집 탈형

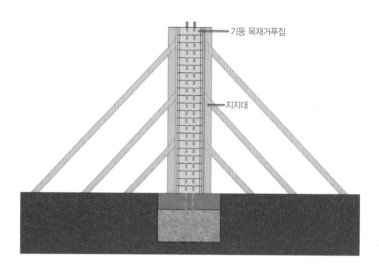

❸ 보받이 & 테두리보

앵커에 보받이 연결 → 보받이에 테두리보 연결 → 동자기둥 연결

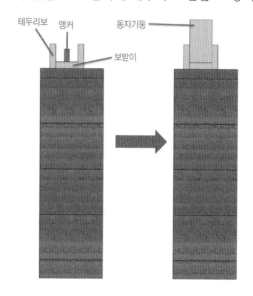

❹ 벽체

테두리보에 샛기둥 연결 → 샛기둥에 인방 연결 → 중깃 → 외엮기
→ 미장

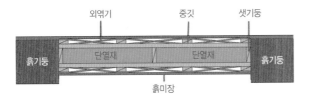

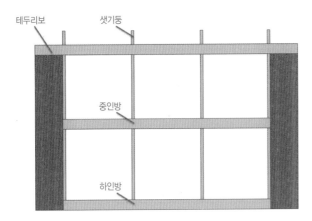

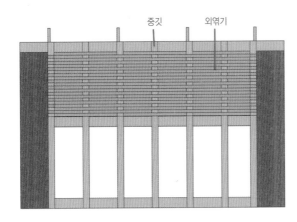

❺ 서까래

동자기둥 사이에 서까래 연결

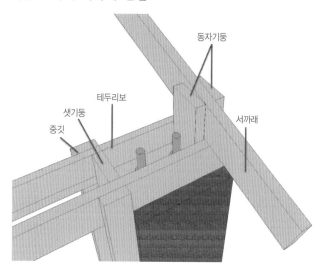

❻ 옥상녹화 & 배수로

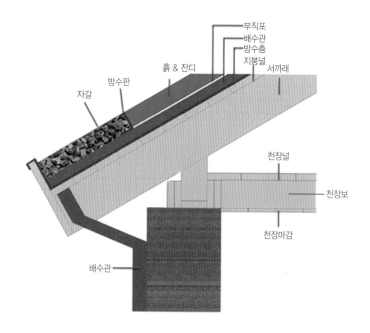

❼ 전기배선

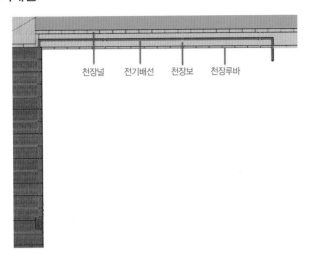

천장널　전기배선　천장보　천장루바

❽ 간편구들 & 벽난로

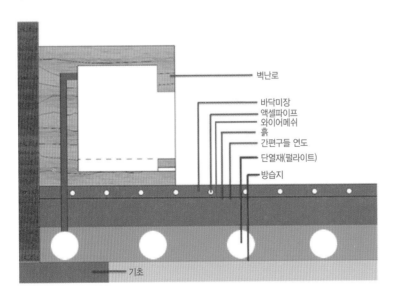

벽난로

바닥미장
액셀파이프
와이어메쉬
흙
간편구들 연도
단열재(펄라이트)
방습지

기초

저자 소개

강남이

현 (주)클레이맥스 JN 책임연구원
현 (사)한국흙건축연구회 이사

강민수

현 유네스코 석좌프로그램 한국흙건축학교 전임강사 (흙건축 감성교육)
현 (사)한국흙건축연구회 팀장

강성수

현 (사)한국흙건축연구회 이사
현 국립목포대학교 건설공학부 겸임교수

김광득

현 유네스코 석좌프로그램 한국흙건축학교 강사
현 흙건축 협동조합 TERRACOOP 이사

김순응

현 유네스코 석좌프로그램 한국흙건축학교 학장
현 국립목포대학교 초빙교수

손율희

현 휘경종합건축사사무소 대표
현 (사)한국흙건축연구회 이사

양준영

현 유네스코 석좌프로그램 한국흙건축학교 전임강사 (흙미장 및 리모델링)

양준혁

현 (사)한국흙건축연구회 이사
현 흙건축 협동조합 TERRACOOP 이사

이예진

현 유네스코 석좌프로그램 한국흙건축학교 전임강사 (흙건축 교육)

이진실

현 유네스코 석좌프로그램 한국흙건축학교 전임강사
　　(흙페인트/천연페인트 교육)

조민철

현 (주)클레이맥스 JN 본부장
현 (사)한국흙건축연구회 이사

황혜주

현 국립목포대학교 건축학과 교수
현 (사)한국흙건축연구회 대표

흙건축 시리즈 II 흙건축 기술에서 실제까지

흙집 제대로 짓기

초 판 발 행	2014년 7월 5일
초 판 2 쇄	2018년 5월 25일
저 자	황혜주 외
펴 낸 이	김성배
펴 낸 곳	도서출판 씨아이알
책 임 편 집	박영지, 최장미
디 자 인	윤지환, 정은희
제 작 책 임	김문갑
등 록 번 호	제 2-3285호
등 록 일	2001년 3월 19일
주 소	(04626)서울특별시 중구 필동로 8길 43(예장동 1-151)
전 화	02-2275-8603(대표) 팩스번호 02-2265-9394
홈 페 이 지	www.circom.co.kr
I S B N	979-11-5610-053-9 03540
정 가	20,000원